国家自然科学基金面上项目（51578507）
浙江省自然科学基金（LY15E080024）
浙江省小城镇学术委员会成果
浙江工业大学美好生活研究院成果

U0159824

# 城市保障性住区公共服务设施供给评价与规划策略研究

吴一洲　邱小丽　著

中国建筑工业出版社

图书在版编目（CIP）数据

城市保障性住区公共服务设施供给评价与规划策略研
究 / 吴一洲，邱小丽著. —北京：中国建筑工业出版
社，2022.12

ISBN 978-7-112-28220-3

Ⅰ.①城… Ⅱ.①吴… ②邱… Ⅲ.①城市—居住区
—城市公用设施—研究—中国 Ⅳ.① TU998

中国版本图书馆 CIP 数据核字（2022）第 227844 号

本书内容包括保障性住区的发展背景、建设历程与开发模式，保障性住区的
概念与理论基础，国内城市居住区服务设施标准对比，国内外典型城市与区域保
障性住区服务设施建设概况对比分析，杭州市保障性住区主体特征与公共服务设
施配套的优化策略研究，以及宏观与微观层面的保障性住区服务设施供需评估等。

本书可供广大城乡规划行业从业人员、建筑和房地产相关从业人员、大专院
校建筑类师生学习参考。

责任编辑：吴宇江 陈夕涛
责任校对：姜小莲

城市保障性住区公共服务设施供给评价与规划策略研究

吴一洲 邱小丽 著

\*

中国建筑工业出版社出版、发行（北京海淀三里河路9号）
各地新华书店、建筑书店经销
北京建筑工业印刷厂制版
北京云浩印刷有限责任公司印刷

\*

开本：787毫米×1092毫米 1/16 印张：10 字数：208千字
2023年3月第一版 2023年3月第一次印刷
定价：42.00元
ISBN 978-7-112-28220-3
（40185）

# 前　言

党的十九大报告提出"坚持房子是用来住的、不是用来炒的定位，加快建立多主体供给、多渠道保障、租购并举的住房制度"；党的二十大报告进一步提出"深入贯彻以人民为中心的发展思想""在住有所居上持续用力，人民生活全方位改善"。保障性住房是我国城镇住宅建设中具有特殊性的一种住宅类型，通过政策和法律法规进行政府管理下的住房配置模式，通常是针对中低收入人群的需求，但在不同的历史时期具有不同的配置方式。多年来，我国保障性住房在促进大城市就业结构健康发展、改善弱势群体生活质量、缩小社会阶层差距以及保证社会公平公正等方面发挥出了重要的作用。

改革开放后，市场经济快速发展，伴随着城市住房商品化进程，城市土地的经济价值及其对应的房价租金也同步大幅提升，土地经济价值带来的地方财政收入，促进了城市整体建设和发展水平的快速提高。但同时也导致了社会阶层的贫富分化，特别是中低收入的弱势群体在大城市无法拥有适合的住房，这成为我国当前人民日益增长的美好生活需要和不平衡不充分发展之间的矛盾的主要方面。在当前以中国式现代化推进中华民族伟大复兴的过程中，我国坚持把实现人民对美好生活的向往作为现代化建设的出发点和落脚点，着力维护和促进社会公平正义，着力促进全体人民共同富裕，坚决防止两极分化。居者有其屋，这是共同富裕的基本标准之一，也是实现中国式现代化的必经之路。

杭州市已连续十五年被评为"中国最具幸福感城市"，其中"生活品质之城"和"宜居天堂"是杭州的两大标签。自2000年年初开始，杭州就开展了系统的保障性住房规划布局与有序建设，保障的对象也逐步精准化。当时，大规模的保障性住区建成后，随之却衍生出了另一个棘手的问题，即保障性住区的配套服务设施建设滞后，供需之间存在明显的矛盾。居住条件虽然改善了，但生活服务和环境品质却处于较低水平，这与杭州的城市发展目标不相匹配。为此，当时的杭州市规划局委托我们浙江工业大学课题组开展保障性住区配套服务设施供需关系与优化策略的课题研究。课题组通过对杭州市主城区大规模保障性住区的配套服务设施的实地踏勘、问卷调查、数据收集与数据库建设，同时对政府主管部门、社区管理者、保障对象等多元主体进行了深度访谈。基于大量第一手数据分析，结合相关理论基础与国内外案例经验，完成了该课题。

虽然该课题的研究时间跨度为杭州市"十二五"时期，但这个时期也是杭州市社会经济转型发展的关键时期，也就是在这个时期城市功能、发展目标和城市品质开始了"质"的提升。其中，保障性住房功不可没。目前杭州市已经构建了多层次住房保障体系：2021 年杭州市人民政府办公厅印发了《杭州市共有产权保障住房管理办法》；2023 年初又发布了积极完善保障性租赁住房"1＋5"政策，目的是逐步满足新市民、青年人对美好租住生活的向往。截至 2022 年底，杭州市累计筹集保障性租赁住房项目 259 个、房源 14.6 万套（间）。在保障性住房大规模建设的新发展时期，保障性住区的配套服务设施也应协同推进，实现"住有所居、居有宜居"。为此，课题组依托与浙江省住房和城乡建设厅共建的浙江工业大学美好生活研究院，以及浙江省国土空间规划学会小城镇学术委员会，重新组织研究力量对当时的研究成果做了进一步的梳理与提升，最终形成了本著作。本书旨在为新发展时期城市保障性住区配套服务设施的配置与建设提供历史依据和经验参考。

首先，对杭州市保障性住区的规划布局历程进行了梳理；其次，对国内外相关概念、理论、标准和案例进行了研究和对比；再次，对保障性住区的保障主体特征进行了画像，分析其个体和家庭特征，以及服务设施的使用行为特征；又次，对保障性住区及其配套服务设施的空间格局特征，以及多尺度配套服务设施的供需关系进行了评估；最后，从保障性住区的公共服务供应的价值取向、空间布局和配置模式等方面提出了相应的优化策略。

本书的研究成果得到了杭州市规划局规划编制中心的大力帮助与指导。在这里还要感谢参与课题调研和报告撰写的浙江工业大学城乡规划系的本科生们的辛苦工作。此外，本书的出版得到了中国建筑工业出版社吴宇江编审、陈夕涛副编审的鼎力支持与帮助，在此一并表示谢意。由于作者水平所限，书中一定还有欠缺或值得商榷之处，恳请广大读者不吝赐教。

吴一洲
2023 年春

# 目　　录

# 第1章　绪论

## 1.1　保障性住区的发展背景

改革开放以来，我国社会经济迅猛发展，城镇化率快速提升，根据国家统计局数据，2021年城镇化率已达到64.72%。《中国城市发展报告NO.12》预计，我国城镇化率将在2030年达到70%[1]。城镇规模的快速扩张，大量农村人口进入城市，导致住房与社区发展等领域的社会民生问题出现[2]。保障性住房建设是满足人民群众居住需求的关键举措，维系社会和谐稳定的重要抓手。

自2008年底，《国务院办公厅关于促进房地产市场健康发展的若干意见》（国办发〔2008〕131号）出台，中央便开始介入保障房建设的行动中。"十二五"期间，我国建设的城镇保障性住房数量规模大约是过去10年的2倍。同时，国家提出社会治理"五有"[3]战略目标。党的十九大提出应完善公共服务体系，保障群众基本生活，并要求到2035年显著缩小城乡区域发展差距和居民生活水平差距，实现基本公共服务均等化。因此，未来保障性住区建设仍将是我国民生建设的重要内容。推进和完善中国保障性住区制度建设，是加快实现2035年基本公共服务均等化目标和"居者有其屋"目标的重要举措。

现今保障性住区建设对于解决城市新居民的迁入与安居问题已取得较为显著的成效，实现了"住有所居"的部分目标，但仍然存在诸多问题，如保障性住区建设的选址实施问题[4]、保障性住区配套基础设施[5]和公共服务设施建设问题[6]、保障房供给的错位问题和保障性住区分配与使用的公平性问题等。未来的保障性住区建设，为应对时代发展的客观需要，需要更加创新、和谐、公正与多元。

---

[1] 张赛蓝皮书：预计2030年我国城镇化率将达到70%［EB/OL］.（2019-10-30）［2022.02.27］. http://www.cssn.cn/zx/bwyc/201910/t20191030_5023315.shtml.

[2] 徐苗，杨碧波. 中国保障性住房研究评述及启示：基于中外期刊的计量化分析成果［J］. 城市发展研究，2015，22（10）：108-118.

[3] 社会治理"五有"战略目标，即"学有所教、劳有所得、病有所医、老有所养、住有所居"。

[4] 柳泽，邢海峰. 基于规划管理视角的保障性住房空间选址研究［J］. 城市规划，2013，37（7）：73-80.

[5] 周岱霖，黄慧明. 供需关联视角下的社区生活圈服务设施配置研究：以广州为例［J］. 城市发展研究，2019，26（12）：1-5，18.

[6] 陈秋晓，徐丹，葛晓丹，等. 保障性住区公共服务设施供需关系及优化配置策略研究［J］. 西部人居环境学刊，2017，32（2）：81-88.

## 1.2　保障性住区建设历程与开发模式

在市场机制作用下，大量中低收入家庭无力购入房产以解决其住房问题，因此，为调节市场资源配置、实现人人住有所居，这就需要政府介入和干预，调节市场住房供给，以保障社会住房公平性。我国历来高度重视住房保障问题，已先后出台了一系列有关住房保障的相关政策，现已建成多层次、多领域的住房保障体系，而如何在新时期更有效地提供保障性住房仍然是政府亟须解决的重要问题。

### 1.2.1　保障性住区建设的演变

#### 1. 初步探索阶段（1978—1998 年）

1978—1980 年，邓小平就住房问题发表了两次相关谈话，首次提出可以允许私人建房和住房商品化。而两次住房谈话则被视为拉开我国住房制度的改革序幕，昭示着我国住房政策开始突破住房公有制的束缚，政策方向开始由福利化转向市场化，开辟了一条解决城镇住房问题的新道路。1988 年 1 月，《国务院住房制度改革领导小组关于在全国城镇分期分批推行住房制度改革的实施方案》（国发〔1988〕11 号）的出台，直接标志着中国开始全面住房改革[1]。但此房改方案在颁布后的几年里并没有得到有效执行[2]，直到 1991 年房改政策的出台，住房制度改革才受到重新关注与强调。《国务院关于深化城镇住房制度改革的决定》（国发〔1994〕43 号）明确提出与建立住房公积金制度。国务院住房制度改革领导小组《国家安居工程实施方案》（国办发〔1995〕6 号）的实施，标志着我国开始全面启动保障性安居工程[3]；1998 年《国务院关于进一步深化城镇住房制度改革加快住房建设的通知》（国发〔1998〕23 号）印发，标志着中国住房政策市场化和货币化的重要转变[4]。到 2003 年印发《城镇最低收入家庭廉租住房管理办法》（建设部令第 120 号）。至此，基本确立了廉租房制度。随后市场作用充分发挥，我国房地产进入快速增长阶段，房价高速上涨，此后，国家将住房政策的重点逐渐放在了对于住房市场过热的调控[5]。同时，由于国家保障性住房的建设有限，国家保障性住区建设总体效果不佳，保障性住房建设陷入停滞。

#### 2. 全面推进与加速阶段（2006—2012 年）

在商品住宅高速发展背景下，城镇居民贫富差距不断拉大，城镇住房困难家庭

① 朱亚鹏. 住房制度改革：政策创新与住房公平［M］. 广州：中山大学出版社，2007：54-55.
② WANG Y P, MURIE A. The process of commercialisation of urban housing in China［J］. Urban Studies, 1996, 33（6）：971-989.
③ 冯京津. 我国保障性住房的发展与现状［J］. 中国房地产，2011（9）：27-31.
④ 白晓钰. 公共租赁住房设计难点及应对研究［D］. 西安：西安建筑科技大学，2013.
⑤ 柏必成. 改革开放以来我国住房政策变迁的动力分析：以多源流理论为视角［J］. 公共管理学报，2010，7（4）：76-85，126.

逐渐增多，住房市场突出的供求矛盾影响了房地产市场的健康发展，保障性住房重新引起重视[1]。

2007年，《关于解决城市低收入家庭住房困难的若干意见》（国发〔2007〕24号），提出建立健全廉租住房制度、改进和规范经济适用房制度。此后，政府制定相关保障性住房政策文件，扩大了我国保障性住房的受益面，同时加大了对保障性安居工程的补助力度和建设力度。2010年10月，住房和城乡建设部等部委联合发布《关于加快发展公共租赁住房的指导意见》（建保〔2010〕87号），强调要大力发展公共租赁住房，满足城市中低收入群体的住房需求。2012年5月，为规范公共租赁住房资产管理工作，住房和城乡建设部发布《公共租赁住房管理办法》（住房和城乡建设部令第11号），对公共租赁住房的分配、运营、使用、退出和管理予以明确规定。2011年后，保障性住房进入"加速跑"阶段：2011年到2013年底，全国城镇保障性安居工程累计开工2490万套，基本建成1577万套，到"十二五"末，保障性住房的覆盖率将提高到20%以上。

**3. 创新探索阶段（2012年至今）**

2013年，《国务院关于加快棚户区改造工作的意见》（国发〔2013〕25号）出台，棚户区、城中村改造成为新重点。2014年起，公共租赁住房和廉租房并轨统称为公共租赁住房，保障方式由只售不租彻底改革为只租不售。2013年12月，首个绿色保障房建设指南《绿色保障性住房技术导则》（建办〔2013〕195号）出台，2014年1月1日施行，推进了绿色保障房的建设。

党的十九大报告提出，"坚持房子是用来住的、不是用来炒的定位，加快建立多主体供给、多渠道保障、租购并举的住房制度，让全体人民住有所居"。2017年9月住建部发文支持北京、上海开展共有产权住房试点工作[2]。2017年后，住房租赁市场发展，共有产权住房等保障性制度持续推进。

2019年，住房和城乡建设部将城镇老旧小区改造纳入保障性安居工程，试点探索融资方式、群众共建等9方面体制机制[3]。2019年底，住房和城乡建设部在沈阳、南京、苏州等13个城市开展完善住房保障体系工作，重点发展政策性租赁住房。2020年，国家探索市场化方式筹集政策性租赁住房，如广州、杭州、济南、郑州等11个城市与中国建设银行签订发展政策性租赁住房战略合作协议，以市场化方式提供包括金融产品支持、房源等集运营和信息系统支撑等一揽子的综合服务。2021年7月2日，《国务院办公厅关于加快发展保障性租赁住房的意见》（国办发

---

① 王效容. 保障房住区对城市社会空间的影响及评估研究［D］. 南京：东南大学，2016.

② 中华人民共和国住房和城乡建设部. 住房城乡建设部关于支持北京市、上海市开展共有产权住房试点的意见［EB/OL］. （2017-09-21）［2022-02-27］. http://www.mohurd.gov.cn/gongkai/fdzdgknr/tzgg/201709/20170921_233369.html.

③ 住房和城乡建设部：规范发展公租房 将老旧小区改造纳入保障性安居工程［EB/OL］. （2019-12-23）［2022-02-27］. http://finance.china.com.cn/news/20191223/5156287.shtml.

〔2021〕22号）①发布，确立了今后我国要构建以"公租房、保障性租赁住房和共有产权住房"为主体的住房保障体系，进一步强调应加大保障性租赁住房金融支持力度。2022年2月，国家发改委发文强调应加快发展长租房市场，坚持租购并举，推进保障性住房建设。

### 1.2.2　保障性住区开发模式

我国建设的保障性住房的投入使用解决了众多民众的住房难题，有效促进了我国社会经济稳定健康发展。早期，我国的保障性住房建设作为新生事物，没有历史经验可循②，为提高保障性住房的整体质量，更加有效解决中低收入群体的住房问题，实现全体居民住有所居，需要不断地在实践中尝试和优化各种保障性住区的建设模式。我国保障性住区建设常见的开发模式主要有以下3种模式③：

#### 1. 集中建设模式

保障性住区建设前期一般采用集中建设模式，主要包括直接建设模式和代建模式两大类别。

（1）直接建设模式

直接建设模式，指由地方政府无偿划拨建设用地，并主导建设资金的筹措模式。

（2）代建模式

代建模式，指由政府部门通过公开招投标的方式，从多个建设单位中选出经验丰富、专业水平高的代建单位进行管理、设计、施工、验收及交付等保障性住区建设工作的模式。代建单位在完成工程建设之后，应当完成建设项目交付手续的办理。

#### 2. 配建模式

配建模式，主要是指政府通过政策调控和市场引导，强制性地要求开发商在承建商品房的规划中，必须按照规定比例、总建筑面积、套数、布局和套型等要求配套建设保障性住房，并在建成后无偿移交给政府相关职能部门，或由政府按照约定价格进行回购。

#### 3. 合作开发模式

（1）BT模式

BT模式，意即"建设—移交"（Build Transfer），指政府将保障房项目由投资方总承包，经融资、建设、验收合格后移交给政府，政府向投资方回购，支付项目总投资加上合理回报的建设模式。

---

① 国务院办公厅关于加快发展保障性租赁住房的意见［EB/OL］.（2021-06-24）［2022-02-27］. http://www.gov.cn/zhengce/content/2021/07/02/content_5622027.htm.

② 王少杰. GZ棚户区改造安居工程项目经济评价［D］. 哈尔滨：哈尔滨工程大学，2013.

③ 张文英. 新型城镇化背景下保障性住房建设模式研究［J］. 中国房地产，2019（22）：10-12.

（2）PPP 模式

PPP 模式，即政府和社会资本合作（Public-Private Partnership），最早产生于英国，是指政府公共部门同社会资本建立合作关系，向社会公众提供公共产品或者服务的一种模式，不仅可用以解决公共项目的融资问题，更有利于提高公共项目的管理效率。

## 1.3　2005—2013 年杭州市保障性住区的规划布局历程

### 1.3.1　杭州市"十二五"期间经济适用房历年规划情况

杭州市规划局按照保障房建设的要求，先后组织编制了《2011—2015 期间住房建设规划空间布局研究》《杭州市近期建设规划》（含住房建设规划专篇）、《杭州市住房建设规划（2010—2012 年）》《2012 年公共租赁房选址规划》《杭州市人才公寓建设三年行动计划空间布局》等专项规划。

"十二五"期间，杭州市制定了建设保障性住房 1750 万 $m^2$ 的实施计划，每年开工量达到 350 万 $m^2$。其中，计划主城区保障性住房 5 年总建设规模达到 1290 万 $m^2$，这包括 20 万 $m^2$ 的廉租房，150 万 $m^2$ 的经济适用房，300 万 $m^2$ 的公租房。

2005—2008 年，杭州市主城区共规划经济适用房建筑面积 498 万 $m^2$（表 1-1），其中江干区 342 万 $m^2$，规模最大，占 69%（图 1-1），其后依次为西湖区 78 万 $m^2$、下城区 60.8 万 $m^2$、滨江区 15 万 $m^2$ 和拱墅区 2.4 万 $m^2$。

杭州市经济适用房历年规划一览表　　　　　　　　表 1-1

| 时间 | 序号 | 项目名称 | 实施单位 | 建筑面积（$hm^2$） | 区划 |
|---|---|---|---|---|---|
| 2005 年 | 1 | 北景园居住区 | 杭州市下城区政府 | 1 | 下城区 |
| | 2 | 丁桥居住区 | 杭州市国土局 | 20 | 江干区 |
| | 3 | 九堡居住区 | 杭州市江干区政府 | 20 | 江干区 |
| | 4 | 下沙东居住区 | 杭州市下沙大型住宅区 | 10 | 江干区 |
| | 5 | 三墩都市水乡 | 杭州市安居中心 | 10 | 西湖区 |
| | 6 | 三墩 C 区块 | 杭州市西湖区政府 | 3 | 西湖区 |
| | 7 | 毛家桥经济适用住房 | 杭州市杭州星辰房地产公司 | 0.88 | 西湖区 |
| | 8 | 滨江区西兴镇北经济适用房 | 杭州市滨江区政府 | 15 | 滨江区 |
| | 小计 | | | 79.88 | |
| 2006 年 | 9 | 九堡 R21-03、04 地块（一期） | 杭州九安房地产开发有限公司 | 9.38 | 江干区 |
| | 10 | 九堡 R21-03、04 地块（二期） | | 9.87 | 江干区 |
| | 11 | 下沙 R21-02-A、03-A 地块 | 杭州铭雅铭和苑房地产开发有限公司 | 20.19 | 江干区 |

| 时间 | 序号 | 项目名称 | 实施单位 | 建筑面积（hm²） | 区划 |
|---|---|---|---|---|---|
| 2006年 | 12 | 丁桥R21-22地块 | 杭州中兴景天房地产开发有限公司 | 13.81 | 江干区 |
| | 13 | 丁桥R21-20地块 | | 3.68 | 江干区 |
| | 14 | 丁桥R21-28地块（一期） | 杭州越峰房地产开发有限公司 | 13.59 | 江干区 |
| | 15 | 丁桥R21-28地块（二期） | | 8.49 | 江干区 |
| | 16 | 丁桥R21-07地块 | 杭州华元房地产集团有限公司 | 10.33 | 江干区 |
| | 17 | 丁桥R21-16地块 | 杭州美都房地产开发有限公司 | 10.08 | 江干区 |
| | 小计 | | | 99.42 | |
| 2007年 | 18 | 杨家村经济适用房R21-02、10地块 | 杭州中兴景洲房地产开发有限公司 | 14.8 | 下城区 |
| | 19 | 下沙东居住区R21-B、R21-01地块经济适用房工程 | 杭州铭雅铭和苑房地产开发有限公司 | 17.7 | 江干区 |
| | 20 | 江干区丁桥大型居住区R21-08地块经济适用房 | 杭州华元房产开发有限公司 | 11.8 | 江干区 |
| | 21 | 丁桥R21-25地块经济适用房 | 杭州瑞立辰秀置业有限公司 | 25.7 | 江干区 |
| | 22 | 丁桥大型居住区R21-30地块 | 杭州天和置业有限公司 | 14.4 | 江干区 |
| | 23 | 三墩B-03地块 | 杭州居住区发展中心 | 14.1 | 西湖区 |
| | 24 | 华丰造纸厂职工住宅 | 华丰造纸厂 | 2.4 | 拱墅区 |
| | 小计 | | | 100.9 | |
| 2008年 | 25 | 杨家村R21-7、8地块 | 杭州市下城区政府 | 15 | 下城区 |
| | 26 | 北景园三期 | | 7.5 | 下城区 |
| | 27 | 九堡居住区R21-02、03、04地块 | 杭州市江干区政府 | 6 | 江干区 |
| | 28 | 丁桥居住区R21-24地块 | 杭州市市国土局、杭州市江干区政府 | 7.5 | 江干区 |
| | 29 | 丁桥居住区R21-27地块 | | 11 | 江干区 |
| | 30 | 长睦居住区一期 | 杭州市江干区政府 | 12 | 江干区 |
| | 31 | 下沙紫元区块 | 杭州市下沙开发区 | 25 | 江干区 |
| | 32 | 三墩北R21-13、14、15地块 | 杭州市市国土局、杭州市江干区政府 | 25 | 西湖区 |
| | 小计 | | | 109 | |

来源：根据《杭州市住房规划（2008—2012）》《杭州市经济适用房建设规划（2006）》《杭州市保障性住房五年规划（2008）》《杭州市经济适用房五年规划（2006）》《杭州市区年度住房建设规划（2006）》《杭州市区年度住房建设规划（2007）》《杭州市区年度住房建设规划（2008）》《杭州市区年度住房建设规划（2010）》《杭州市区年度商品房及经济适用房布点规划（2005）》等资料整理。

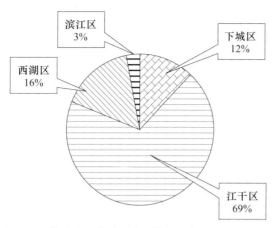

图 1-1　杭州市经济适用房建筑面积各区分布比例图

来源：根据《杭州市住房规划（2008—2012）》《杭州市经济适用房建设规划（2006）》《杭州市保障性住房五年规划（2008）》《杭州市经济适用房五年规划（2006）》《杭州市区年度住房建设规划（2006）》《杭州市区年度住房建设规划（2007）》《杭州市区年度住房建设规划（2008）》《杭州市区年度住房建设规划（2010）》《杭州市区年度商品房及经济适用房布点规划（2005）》等资料整理。

## 1.3.2　杭州市"十二五"期间保障性住区建设历程

2013 年前后的杭州市保障房主要由公共租赁住房（含廉租房，2012 年并入）、经济适用住房两大类组成。经济适用房自 1996 年到 2012 年累计开工 93665 套，建设面积 817.96 万 $m^2$，交付使用 67093 套，建设面积 636.51 万 $m^2$。廉租房（含公共租赁房）自 1997 年到 2013 年，累计开工建设 20388 套，建设面积 124.9 万 $m^2$，交付使用 4179 套，建设面积 23 万 $m^2$（表 1-2）。

历年杭州市已开工保障房规模　　　　　　表 1-2

| 开工时间 | 套数 | 面积（万 $m^2$） | 套数（套） | 面积（万 $m^2$） |
| --- | --- | --- | --- | --- |
| | 经济适用房 | | 廉租房（公共租赁房） | |
| 1996 年 | 18 | 0.13 | — | — |
| 1997 年 | 709 | 5.43 | — | — |
| 1998 年 | 615 | 5.05 | 3 | 0.02 |
| 1999 年 | 649 | 12.82 | — | — |
| 2000 年 | 2611 | 32.21 | 56 | 0.39 |
| 2001 年 | 7157 | 65.05 | 38 | 0.22 |
| 2002 年 | 1450 | 19.59 | 7 | 0.03 |
| 2003 年 | 12287 | 105.79 | 38 | 0.16 |
| 2004 年 | 4662 | 44.20 | 186 | 0.72 |
| 2005 年 | 10171 | 98.08 | 1075 | 6.36 |
| 2006 年 | 12378 | 122.95 | 87 | 0.43 |

续表

| 开工时间 | 套数 | 面积（万 m²） | 套数（套） | 面积（万 m²） |
|---|---|---|---|---|
| | 经济适用房 | | 廉租房（公共租赁房） | |
| 2007 年 | 6971 | 69.51 | — | — |
| 2008 年 | 8638 | 69.33 | 2173 | 15.33 |
| 2009 年 | 3575 | 22.14 | 2242 | 11.23 |
| 2010 年 | 9848 | 63.23 | 5726 | 38.48 |
| 2011 年 | 7862 | 57.48 | 6509 | 40.59 |
| 2012 年 | 4064 | 24.98 | 2248 | 10.96 |
| 合计 | 93665 | 817.96 | 20388 | 124.90 |

来源：根据杭州市住房保障和房产管理局保障房建设统计（2013 年）。

### 1. 经济适用房建设情况

（1）总体建设数量

截至 2012 年底，杭州市总开工经济适用房 93665 套，建设面积 817.96 万 m²，其中已交付使用的 67093 套，建设面积 636.51 万 m²，交付率 71.63%，存有一定房产余量。已建成的经济适用房套均面积 94.87m²（表 1-3）。

杭州市经济适用房建设总量　　表 1-3

| 合计 | 经济适用房套数（套） | | | 经济适用房面积（万 m²） | | | 套均面积（m²/套） |
|---|---|---|---|---|---|---|---|
| | 已开工 | 已竣工 | 已交付使用 | 已开工 | 已竣工 | 已交付使用 | |
| | 93665 | 72373 | 67093 | 817.96 | 675.07 | 636.51 | 94.86962 |

来源：根据杭州市住房保障和房产管理局保障房建设统计（2013 年）。

（2）杭州市经济适用房建设时序

建房高峰在 2003—2006 年，2010 年后逐渐减少，套均面积平稳增加，经济适用房小区趋向规模化（表 1-4）。

经济适用房建设套数和面积一览表　　表 1-4

| 开工时间 | 套数（套） | | | 面积（万 m²） | | | 套均面积（m²/套） | 交付率 |
|---|---|---|---|---|---|---|---|---|
| | 已开工 | 已竣工 | 已交付使用 | 已开工 | 已竣工 | 已交付使用 | | |
| 1996 年 | 18 | 18 | 18 | 0.13 | 0.13 | 0.13 | 70.82 | 100% |
| 1997 年 | 709 | 709 | 709 | 5.43 | 5.43 | 5.43 | 76.63 | 100% |
| 1998 年 | 615 | 615 | 615 | 5.05 | 5.05 | 5.05 | 82.05 | 100% |
| 1999 年 | 649 | 649 | 646 | 12.82 | 12.82 | 12.75 | 197.43 | 99.54% |
| 2000 年 | 2611 | 2611 | 2551 | 32.21 | 32.21 | 31.11 | 121.96 | 97.7% |

续表

| 开工时间 | 套数（套） | | | 面积（万 m²） | | | 套均面积<br>（m²/套） | 交付率 |
|---|---|---|---|---|---|---|---|---|
| | 已开工 | 已竣工 | 已交付<br>使用 | 已开工 | 已竣工 | 已交付<br>使用 | | |
| 2001 年 | 7157 | 7157 | 7157 | 65.05 | 65.05 | 65.05 | 90.89 | 100% |
| 2002 年 | 1450 | 1450 | 1450 | 19.59 | 19.59 | 19.59 | 135.08 | 100% |
| 2003 年 | 12287 | 12287 | 12267 | 105.79 | 105.79 | 105.78 | 86.23 | 99.84% |
| 2004 年 | 4662 | 4662 | 3867 | 44.20 | 44.20 | 35.39 | 91.52 | 82.95% |
| 2005 年 | 10171 | 10171 | 10075 | 98.08 | 98.08 | 97.02 | 96.29 | 99.06% |
| 2006 年 | 12378 | 12378 | 12316 | 122.95 | 122.95 | 122.11 | 99.15 | 99.50% |
| 2007 年 | 6971 | 6971 | 6969 | 69.51 | 69.51 | 69.49 | 99.71 | 99.97% |
| 2008 年 | 8638 | 8638 | 8453 | 69.33 | 69.33 | 67.61 | 79.98 | 97.86% |
| 2009 年 | 3575 | 2771 | — | 22.14 | 17.00 | — | — | 93.33% |
| 2010 年 | 9848 | 1286 | — | 63.23 | 7.94 | — | — | 82.08% |
| 2011 年 | 7862 | — | — | 57.48 | — | — | — | 74.88% |
| 2012 年 | 4064 | — | — | 24.98 | — | — | — | 71.63% |
| 合计 | 93665.00 | 72373.00 | 67093.00 | 817.96 | 675.07 | 636.51 | 94.87 | 94.02% |

注：交付率＝历年交付总套数 / 历年开工总数。

数据来源：杭州市住房保障和房产管理局提供，"—"数据缺失。

　　从杭州市经济适用房的建设总量上看，高峰出现在 2003 年和 2006 年，2009 年出现了开工数量和竣工数量的低谷，2010 年杭州市开工建设的经济适用房数量回升。但受后续政策影响，2010 年后经济适用房的建设逐年下降（图 1-2）。

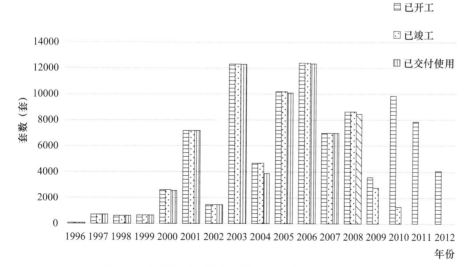

图 1-2　杭州市历年保障房新开工及竣工套数统计图

来源：根据杭州市住房保障和房产管理局保障房建设统计（2013 年）。

　　杭州市经济适用房建设开工地块数量呈正态分布，高峰出现在2003年，共有15个地块开始建设经济适用房，与杭州市经济适用房建设总量的高峰相对同期。除2002年外，2003年以前的开工建设地块逐年稳步增长。而2003年后开工建设地块数量变化波动，总体上呈下降趋势（图1-3）。

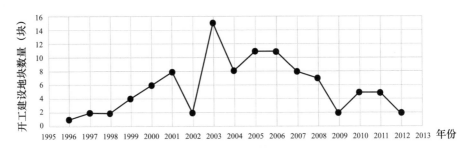

**图1-3　杭州市保障房历年开工建设地块数统计图**

来源：根据杭州市住房保障和房产管理局保障房建设统计（2013年）。

　　但与开工地块数的变化不同，历年开工地块的平均套数呈周期性波动上升的趋势，2012年平均单个地块最多套数已达到2000户左右（图1-4），表明杭州经济适用房的建设趋向于集中化、规模化。

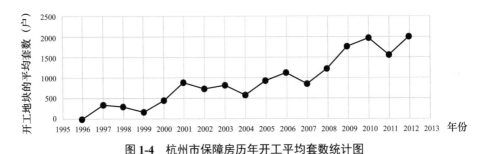

**图1-4　杭州市保障房历年开工平均套数统计图**

来源：根据杭州市住房保障和房产管理局保障房建设统计（2013年）。

　　此外，杭州市经济适用房的套均建设面积增长稳定，随着居民生活质量的改善，套均面积基本以6%的增速小幅上升，从70m² 扩大到100m² 左右。其中1999年、2000年和2002年有部分经济适用房是单位自筹建设的，建设标准较高，整体提高了经济适用房的套均建设面积（图1-5）。

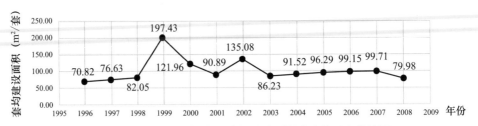

**图1-5　杭州市保障房历年已交付经济适用房套均面积统计图**

来源：根据杭州市住房保障和房产管理局保障房建设统计（2013年）。

（3）杭州市经济适用房的空间分布

截至 2013 年，杭州市已交付的经济适用房主要分布在拱墅区、下城区、江干区，主要经济适用房小区集中在 6 个区块，其中丁桥和三塘区块范围较大，三墩区块、半山区块、三里亭区块和九堡区块规模较小（图 1-6）。

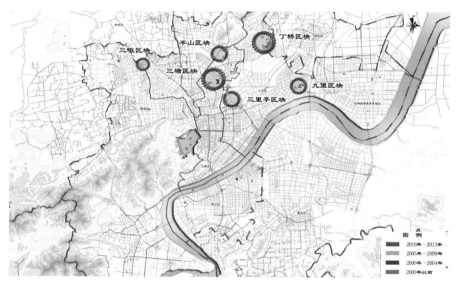

**图 1-6　杭州市开工经济适用房分布区块**

来源：根据杭州市住房保障和房产管理局保障房建设统计（2013 年）。

6 个主要经济适用房分布区域中，三塘区块的经济适用房建成时间较长，主要在 2000—2004 年建成；而后三里亭区块伴随火车东站枢纽的建设，在 2005—2009 年建成一定量的经济适用房。2008 年以后的经济适用房选址明显向城市边缘区扩散，主要集中在丁桥、三墩、半山和九堡地区，其中三墩和丁桥也是杭州经济适用房分布的主要区域。

江干区是 2013 年前后经济适用房供应主要区域，西湖区是未来主要集中区域。从杭州市主城区 6 个区的经济适用房建设总量看（表 1-5），江干区占有最多的已开工、已竣工和已交付经济适用房（图 1-7）。从已开工套数来看，江干区占比最高，约 45%；下城区次之，22%；西湖区 19%；拱墅区、上城区和下城区比例均小于 10%，其中上城区仅占 1%。此外，拱墅区、上城区和下城区已交付使用的经济适用房与开工量相同，表明区内计划在 2014—2018 年将不再新增经济适用房。

**各区经济适用房规模一览表**　　表 1-5

| 区县 | 套数（套） | | | 面积（万 m²） | | | 套均面积（m²/套） |
|---|---|---|---|---|---|---|---|
| | 已开工 | 已竣工 | 已交付使用 | 已开工 | 已竣工 | 已交付使用 | |
| 滨江区 | 4024 | 2406 | 1560 | 47.1033 | 30.1033 | 20.27379 | 130.0 |
| 拱墅区 | 8310 | 8310 | 8249 | 75.4035 | 75.4035 | 75.0045 | 90.9 |

续表

| 区县 | 套数（套） | | | 面积（万 m²） | | | 套均面积（m²/套） |
|---|---|---|---|---|---|---|---|
| | 已开工 | 已竣工 | 已交付使用 | 已开工 | 已竣工 | 已交付使用 | |
| 江干区 | 42017 | 34997 | 30691 | 356.0873 | 310.4094 | 283.0094 | 92.2 |
| 上城区 | 1101 | 1101 | 1101 | 14.6466 | 14.6466 | 14.6466 | 133.0 |
| 西湖区 | 17576 | 4922 | 4900 | 138.6119 | 58.398 | 58.1544 | 118.7 |
| 下城区 | 20637 | 20637 | 20592 | 186.1053 | 186.1053 | 185.42 | 90.0 |

来源：根据杭州市住房保障和房产管理局保障房建设统计（2013 年）。

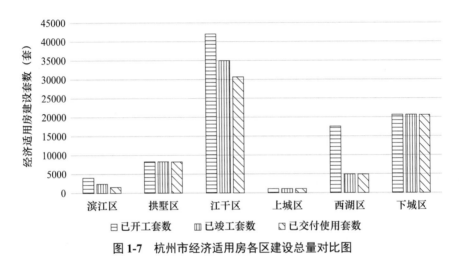

图 1-7　杭州市经济适用房各区建设总量对比图

来源：根据杭州市住房保障和房产管理局保障房建设统计（2013 年）。

根据各区的经济适用房套均建设面积看，拱墅区、江干区和下城区的套均面积在 90m²/套左右，略偏低于杭州市的经济适用房套均建设面积。滨江区和上城区的套均建设面积 130m²/套左右，西湖区为 118.7m²/套，都远高于平均标准（图 1-8）。

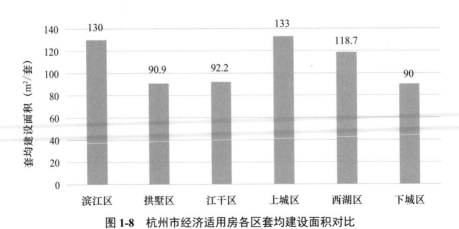

图 1-8　杭州市经济适用房各区套均建设面积对比

来源：根据杭州市住房保障和房产管理局保障房建设统计（2013 年）。

杭州市经济适用房的空间分布历程为：西湖区、下城区—全城—拱墅区、江干区、下城区—江干区、西湖区。

根据杭州市主城区 6 个区历年的开工总量看，下城区是杭州市经济适用房开始建设的主要区域，是杭州单年开工数量最多的区域，2008 年后基本没有开工地块。拱墅区在 2002—2005 年有小规模的经济适用房建设，江干区和西湖区的经济适用房建设是在下城区基本建设完成后兴起的，是一个建设选址向城市边缘区扩散的过程。

1996 年杭州市经济适用房仅在拱墅区建设 18 套。1997—1999 年，杭州市经济适用房主要分布在西湖区和下城区，其中下城区的比例不断减小，西湖区比例增大。2000—2006 年，杭州经济适用房建设覆盖主城区 6 个区，主要以拱墅区、江干区和下城区为主。2006 年以后，杭州经济适用房就仅局限在西湖区和江干区，主要以三墩片区和丁桥片区为主，空间分布单一化。

### 2. 公共租赁房建设情况

（1）公共租赁房建设总量

杭州市已交付使用公共租赁房 4179 套，占已开工的 20.5%，2015 年前后有大量公共租赁房竣工。截至 2012 年底，杭州市已开工建设公共租赁房 20388 套（建设面积 124.9hm²），交付使用 4179 套（建设面积 54.84hm²），已交付的占开工建设的 20.5%，已竣工的占开工建设的 25.8%。已交付的公共租赁房平均面积为 54.8m²（表 1-6）。

**杭州市公共租赁房建设总量**　　　　表 1-6

| 截止时间 | 套数（套） | | | 面积（万 m²） | | | 套均面积（m²/套） |
|---|---|---|---|---|---|---|---|
| | 已开工 | 已竣工 | 已交付使用（配租） | 已开工 | 已竣工 | 已交付使用（配租） | |
| 2012 年 | 20388 | 5220 | 4179 | 124.8989 | 31.4669 | 22.9169 | 54.83 |

来源：根据杭州市住房保障和房产管理局保障房建设统计（2013 年）。

2012 年底杭州市有 1000 套左右的公共租赁房可供交付使用，还有 15168 套在 2014—2015 年竣工，大量公共租赁房的交付使用填补了杭州市经济适用房建设量下降后的需求缺口。

（2）公共租赁房建设时序

杭州市公共租赁房自 2009 年后，建设规模大幅度增加。

从公共租赁房的建设总量上看（表 1-7），已开工的建设总量从 2004 年后开始有所增长，在 2009 年后大幅度增长，2012 年开工总量回落（图 1-9）。

### 杭州市公共租赁房历年建设规模一览表    表 1-7

| 开工时间 | 套数（套） | | | 面积（万 m²） | | | 套均面积（m²/套） |
|---|---|---|---|---|---|---|---|
| | 已开工 | 已竣工 | 已交付使用（配租） | 已开工 | 已竣工 | 已交付使用（配租） | |
| 1998 年 | 3 | 3 | 3 | 0.0206 | 0.0206 | 0.0206 | 68.67 |
| 2000 年 | 56 | 56 | 56 | 0.3925 | 0.3925 | 0.3925 | 70.09 |
| 2001 年 | 38 | 38 | 38 | 0.216 | 0.216 | 0.216 | 56.84 |
| 2002 年 | 7 | 7 | 7 | 0.026 | 0.026 | 0.026 | 37.14 |
| 2003 年 | 38 | 38 | 38 | 0.156 | 0.156 | 0.156 | 41.05 |
| 2004 年 | 186 | 186 | 186 | 0.718 | 0.718 | 0.718 | 38.60 |
| 2005 年 | 1075 | 1075 | 1075 | 6.36 | 6.36 | 6.36 | 59.16 |
| 2006 年 | 87 | 87 | 87 | 0.433 | 0.433 | 0.433 | 49.77 |
| 2008 年 | 2173 | 2173 | 1132 | 15.325 | 15.325 | 6.775 | 59.85 |
| 2009 年 | 2242 | 1557 | 1557 | 11.2298 | 7.8198 | 7.8198 | 50.22 |
| 2010 年 | 5726 | 0 | 0 | 38.48 | 0 | 0 | — |
| 2011 年 | 6509 | 0 | 0 | 40.585 | 0 | 0 | — |
| 2012 年 | 2248 | 0 | 0 | 10.957 | 0 | 0 | — |

来源：根据杭州市住房保障和房产管理局保障房建设统计（2013 年），1999 年、2007 年数据缺失。

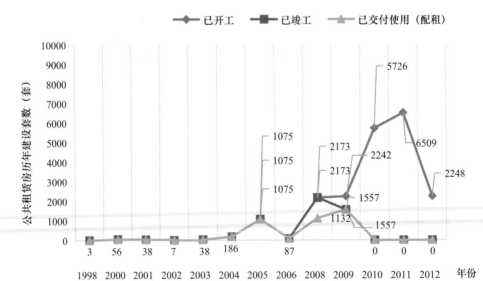

**图 1-9　杭州市公共租赁房历年建设套数统计图**

来源：根据杭州市住房保障和房产管理局保障房建设统计（2013 年），1999 年、2007 年数据缺失。

　　杭州市公共租赁房历年开工地块平均套数变化较为规律，2010 年之前套数以指数函数变化，2011 年及 2012 年开工地块平均套数下降。此外，杭州市公共租赁房历年的套均面积逐年下降，从 1996 年 70m²/套左右到 2009 年的 50m²/套左右（图 1-10），体现了公共租赁房满足基本生活需要的定位。

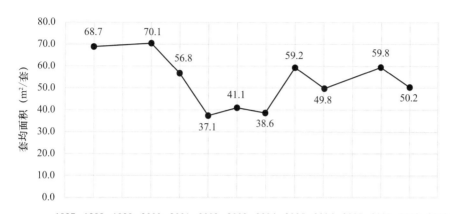

**图 1-10　杭州市公共租赁房历年套均面积分析统计图**

来源：根据杭州市住房保障和房产管理局保障房建设统计（2013 年），1999 年、2007 年数据缺失。

（3）公共租赁房的空间分布

杭州市公共租赁房主要集中在城北、三墩和丁桥片区。

截至 2012 年，杭州市已交付的公共租赁房主要集中在城北区块，三墩和丁桥也分布了小规模的公共租赁房。对杭州市公共租赁房时间与空间的交叉分析发现：2005 年以前的公共租赁房分布较为集中，2005—2010 年的公共租赁房在城北地区向西湖区三墩区块扩展，2010 以后的公共租赁房集中在江干区丁桥区块。

杭州市主城区 6 个区中有 4 个区分布有公共租赁房（表 1-8），且江干区有部分已竣工公共租赁房还未交付使用（图 1-11）。2014—2015 年在各区都将有公共租赁房竣工，并投入使用。2013 年前后已交付使用的公共租赁房均匀分布于拱墅区、江干区和西湖区，而江干区和拱墅区略高，都在 30% 左右，下城区 4%。

杭州市公共租赁房历年建设分布一览表　　　　　　　　　　　表 1-8

| 区划 | 套数 | | | 面积（万 m²） | | | 套均面积（m²/套） |
|------|------|------|------|------|------|------|------|
| | 已开工 | 已竣工 | 已交付 | 已开工 | 已竣工 | 已交付 | |
| 拱墅区 | 6873 | 1147 | 1147 | 45.2213 | 6.7413 | 6.7413 | 58.77 |
| 江干区 | 7189 | 3819 | 2778 | 40.6441 | 23.6641 | 15.1141 | 54.40 |
| 西湖区 | 5448 | 54 | 54 | 34.8069 | 0.2099 | 0.2099 | 38.87 |
| 下城区 | 878 | 200 | 200 | 4.2266 | 0.8516 | 0.8516 | 42.58 |

来源：根据杭州市住房保障和房产管理局保障房建设统计（2013 年）。

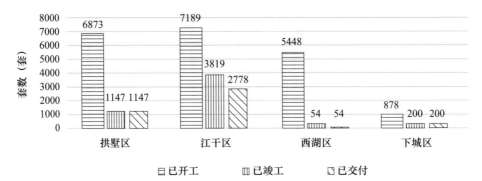

图 1-11　杭州市四区公共租赁房建设套数对比分析

来源：根据杭州市住房保障和房产管理局保障房建设统计（2013 年）。

### 3. 小结

杭州市保障性住房主要由公共租赁房和经济适用房两大类组成。经济适用房是杭州市早期大量建设的主要类型，现 71.63% 已交付使用。2009—2013 年，杭州市保障房建设重心由经济适用房转向公共租赁房，同时有大量公共租赁房正在建设中。

杭州市经济适用房建设高峰出现在 2003—2006 年，套均面积平稳增加，空间布局趋向规模化、集中化。经济适用房在空间的分布历程为：西湖区、下城区—全城—拱墅区、江干区、下城区—江干区、西湖区。截至 2013 年，已交付的经济适用房集中在丁桥、三塘和九堡区块，江干区和西湖区是未来经济适用房主要集中区域。

截至 2012 年底，杭州市公共租赁房已交付套数仅占总开工量的 20%。2009 年起杭州市着重建设公共租赁房，2012 年后几年内将有大量公共租赁房竣工并投入使用。而公共租赁房集中在拱墅区和下城区，主要分布在城北、三墩和丁桥片区。

### 1.3.3　已批经济适用房空间分布特点

以杭州市 2005—2008 年经济适用房空间分布进行分析（表 1-9），经济适用房主要集中在西湖区和江干区，其中江干区历年的建设面积都是主城区 6 个区中规模最大的，且远高于其他五区（图 1-12）。而上城区无经济适用房，拱墅区仅 2007 年有一处位于华丰造纸厂地块的经济适用房，滨江区仅 2005 年有一处位于西兴镇北的经济适用房。

各城区 2005—2008 年经济适用房建设面积（万 m²）　　　　表 1-9

| 年份 | 下城区 | 江干区 | 西湖区 | 滨江区 | 拱墅区 | 合计 |
| --- | --- | --- | --- | --- | --- | --- |
| 2005 年 | 1 | 50 | 13.88 | 15 | 0 | 79.88 |
| 2006 年 | 0 | 99.42 | 0 | 0 | 0 | 99.42 |
| 2007 年 | 14.8 | 69.6 | 14.1 | 0 | 2.4 | 100.9 |

续表

| 年份 | 下城区 | 江干区 | 西湖区 | 滨江区 | 拱墅区 | 合计 |
|---|---|---|---|---|---|---|
| 2008 年 | 22.5 | 61.5 | 25 | 0 | 0 | 109 |
| 合计 | 38.3 | 280.52 | 52.98 | 15 | 2.4 | 389.2 |

来源：根据《杭州市经济适用房建设规划（2006）》《杭州市保障性住房五年规划（2008）》《杭州市经济适用房五年规划（2006）》《杭州市区年度住房建设规划（2006）》《杭州市区年度住房建设规划（2007）》《杭州市区年度住房建设规划（2008）》等资料整理。

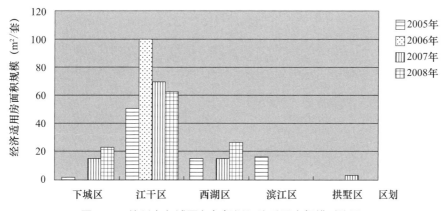

图 1-12　杭州市各城区各年规划经济适用房规模对比图

来源：根据《杭州市经济适用房建设规划（2006）》《杭州市保障性住房五年规划（2008）》《杭州市经济适用房五年规划（2006）》《杭州市区年度住房建设规划（2006）》《杭州市区年度住房建设规划（2007）》《杭州市区年度住房建设规划（2008）》等资料整理。

　　江干区的经济适用房主要集中在九堡、下沙和丁桥—长睦三片区域，丁桥—长睦地块是未来保障房供应的主要区域，江干区 58% 的经济适用房分布在此处（图 1-13）。九堡地块的经济适用房 2005—2008 年的供应量逐渐减少，而下沙地块基本保持稳定（表 1-10）。

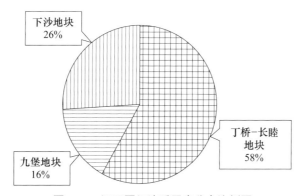

图 1-13　江干区经济适用房分布比例图

来源：根据《杭州市经济适用房建设规划（2006）》《杭州市保障性住房五年规划（2008）》《杭州市经济适用房五年规划（2006）》《杭州市区年度住房建设规划（2006）》《杭州市区年度住房建设规划（2007）》《杭州市区年度住房建设规划（2008）》等资料整理。

2005—2008 年江干区经济适用房面积（万 m²）　　表 1-10

| 年份 | 丁桥－长睦地块 | 九堡地块 | 下沙地块 | 合计 |
| --- | --- | --- | --- | --- |
| 2005 年 | 20 | 20 | 10 | 50 |
| 2006 年 | 59.98 | 19.25 | 20.19 | 99.42 |
| 2007 年 | 51.9 | 0 | 17.7 | 69.6 |
| 2008 年 | 30.5 | 6 | 25 | 61.5 |

来源：根据《杭州市经济适用房建设规划（2006）》《杭州市保障性住房五年规划（2008）》《杭州市经济适用房五年规划（2006）》《杭州市区年度住房建设规划（2006）》《杭州市区年度住房建设规划（2007）》《杭州市区年度住房建设规划（2008）》等资料整理。

　　杭州市经济适用房的选址随时间推移，往城市的北部迁移（图 1-14）。截至 2008 年，杭州市经济适用房规划主要集中在三墩北区块、丁桥－长睦区块、下沙区块，康桥、九堡区块也有较小规模的集中经济适用房配置，主要以 2008 年之前建成的经济适用房为主，乔司和大江东 2008 年后配置了一定规模的经济适用房。

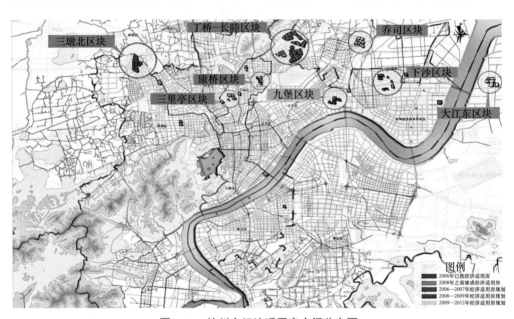

图 1-14　杭州市经济适用房空间分布图

来源：《杭州市住房建设规划（2008—2012）》《杭州市经济适用房建设规划（2006）》《杭州市保障性住房五年规划（2008）》《杭州市经济适用房五年规划（2006）》《杭州市区年度住房建设规划（2006）》《杭州市区年度住房建设规划（2007）》《杭州市区年度住房建设规划（2008）》《杭州市区年度住房建设规划（2010）》《杭州市区年度商品房及经济适用房布点规划（2005）》。

## 1.3.4　小结

　　根据 2005—2008 年的数据分析可知，杭州市已批的经济适用房主要集中在江干区，下城区和西湖区的规划规模相近，但滨江区、拱墅区较少。其间，江干区经济适用房规划规模在五区中都是最高的，其中 2006 年经济适用房规划更是全部集中于此。江干区丁桥—长睦片区是集中规划片区，占 58%，下沙片区规划建设量保持稳定。杭州市经济适用房的选址随时间推移，往城市的北部迁移。乔司、大江东是 2008 年后规划经济适用房选址时新出现的区块。

从以上保障房空间分布和 2005—2008 年的建设用地变化来看，保障房的空间布局与建设用地空间拓展基本同步，尤其是大江东省级产业集聚区等相关产业用地的保障房规划选址已经出现，因此，未来城市保障房选址发展总体布局与城市空间战略拓展方向也将保持一致。

# 第 2 章　概念与理论基础

## 2.1　保障性住区的基本概念

保障性住房（简称保障房），是与商品性住房（简称商品房）相对应的一个概念[1]，是政府在商品房房价过高、很多人无力租住或购买商品房出现住房困难的情况下，为解决城镇中低收入群体住房困难问题、建立健全社会保障制度所统一规划提供的限定标准、限定价格或租金的住房推出的住房形式[2]。保障性住房是我国住房供应体系的重要组成部分。各地区基于当地自身的经济、社会结构发展变化、居民需求、资源禀赋和社会目标等影响因素，出台一系列围绕保障房的政策建议，形成多类型保障房产品[4]。

我国保障性住房以住房保障制度为指导，以政府为责任主体，通过行政、财政和法律等手段，运用国家及社会市场力量，满足中低收入住房困难群体的居住要求[3]，近期实现全体国民"住有所居"目标[4]，远期实现"住有宜居"的目标。

## 2.2　保障性住区种类与概念界定

我国保障性住房主要分为公共租赁房、经济适用房、廉租房、棚户区改造安置房（征地拆迁户）、共有产权房（中低收入者）和限价商品房等类型（表2-1），各地方还根据实际情况，因地制宜创新多种保障性住房。我国保障性住房的受益对象主要是低收入群体，其中公共租赁住房作为兜底性政策，致力于保障外来务工人员、新就业职工和低收入住房等困难群体的住房需求；经济适用住房面向较低收入住房困难群体；廉租房面向最低收入住房困难群体；棚户区改造安置房主要面向征地拆迁户住房困难群体；共有产权房面向中低收入住房困难群体，主要针对夹心层；限价商品住房面向中等收入住房困难群体。

① 毛烽. 我国保障性住房政策及其实施中存在的问题及对策研究 [D]. 长沙：湖南大学，2012.

② 黄娜. 我国保障房开发多元化融资方式研究 [D]. 北京：北京交通大学，2012.

③ 谢丽琴. 保障性住房居民居住满意度评估和影响因素研究：以杭州市为例 [D]. 杭州：浙江工业大学，2014.

④ 胡锦涛. 高举中国特色社会主义伟大旗帜 为夺取全面建设小康社会新胜利而奋斗：在中国共产党第十七次全国代表大会上的报告 [R]. 北京：人民日报出版社，2007.

保障性住区种类与概念界定表　　表 2-1

| 类型 | 服务人群 | 概念 |
| --- | --- | --- |
| 公共租赁住房 | 中低收入群体 | 简称公租房，由政府主导投入、建设、管理，或由政府提供政策支持[1]，其他各类主体投资建设、纳入政府统一管理，限定建设标准和租金水平。政府或公共机构所有，其承租价格一般低于市场价 |
| 经济适用住房 | 中低收入群体 | 政府通过税收减免、提供土地以及其他优惠政策，按照建设标准，并限定价格和面积，供应给城市中低收入住房困难家庭的政策性住房购房人拥有部分产权，具有经济性和适用性双重特点 |
| 廉租房 | 低收入群体 | 指由政府通过货币补贴、实物配租、公房租金减免等方式，为解决低收入家庭住房困难而建立的一项住房保障制度[2] |
| 棚户区改造安置房 | 征地拆迁户 | 指在城市建设范围内，政府改造城镇危旧住房时，为城市拆迁户和征地拆迁的农户提供住所的房屋 |
| 共有产权房 | 中低收入群体 | 由政府提供政策优惠，针对购买首套住房的刚需人群按公平市场价格供应，政府和购房人（住房保障对象）按照出资比例持有相应比例产权的带有资助性质的商品住房。购房者可按市场价购买政府产权部分而获得全产权，或将自己拥有的产权部分转让给其他符合条件的购房者，政府也可以回购住房 |
| 限价商品房 | 中低收入群体 | 又称限价商品房、"两限"商品房。是一种限价格限套型（面积）的商品房，主要解决中低收入家庭的住房困难，是限制高房价的一种临时性举措，并不是经济适用房 |

① 苏双蕾. 基于 PPP 的公共租赁住房建设运作模式及租金定价机制研究 [D]. 重庆：重庆交通大学，2012.
② 王曼. 杭州市廉租住房老年户型设计研究 [D]. 杭州：浙江大学，2012.

　　本书中保障房指面向"夹心层"人群的保障房类型，"夹心层"人群指既不很符合廉租房和公租房的政策，又无法支付商品房价格以购买住房。因此，本书中保障房主要是指公共租赁房、经济适用房和廉租房三类住房类型。

## 2.3　保障性住区公共服务设施分类与配置标准

### 2.3.1　城市公共服务设施分类

　　各城市级公共服务设施分类与服务尺度标准各异，本书主要研究杭州市的保障性住区，故选取新旧版本的《杭州市城市规划公共服务设施基本配套规定》(杭政函〔2009〕110 号和杭政函〔2016〕105 号)进行对比分析。

　　1. 城市级公共设施层面

　　根据《杭州市城市规划公共服务设施基本配套规定》(杭政函〔2009〕110 号)，

城市设施明确分为两类：城市级和城市片区级。《杭州市城市规划公共服务设施基本配套规定》（杭政函〔2016〕105号）中城市设施同样分为两类，具体名称上略有变化，规定城市公共设施包括市（区）级和城市组团级（片区）。因此，总体来说，新旧版公共服务设施分级与类别无较大差异，都明确城市级与城市片区（组团）级两大层级，主要包括教育、医疗卫生、文化、体育、商业、社会福利和行政办公等7类设施（表2-2）。

杭州市新旧版城市公共服务设施分级对比　　　　　　　　　　　表2-2

| 类别 | 《杭州市城市规划公共服务设施基本配套规定》 | | | |
|---|---|---|---|---|
| | 2009年版 | | 2016年版 | |
| 分级 | 城市级 | 城市片区级 | 市区级 | 城市组团级 |
| 服务对象 | 城市（区） | 外围独立城市组团、居住片区（大型居住区） | 城市与各行政区 | 外围组团、大型居住片区（人口规模超10万人） |
| 设施分类 | 7类：教育、医疗卫生、文化、体育、商业、社会福利和行政办公 | | | |

### 2. 居住区级公共服务设施层面

根据《杭州市城市规划公共服务设施基本配套规定》（杭政函〔2009〕110号），在居住区级层面，公共设施包括教育、医疗、文化、体育、商业、金融邮电、社区服务、市政公用和行政管理9类设施。而根据《杭州市城市规划公共服务设施基本配套规定》（杭政函〔2016〕105号），公共设施包括教育、医疗、文化、体育、商业、金融邮电快递、社区服务、市政公用和行政管理及其他10类设施（表2-3）。相比之下，2016年版为应对城市互联网商业需求将金融邮电类改为金融邮电快递类别，并且新增一项其他类，是为应对杭州社会新需求的出现如杭州国际化社区发展需要而配置的各类设施，更具灵活性与适应性。

杭州市新旧版城市公共服务设施分类对比　　　　　　　　　　　表2-3

| 《杭州市城市规划公共服务设施基本配套规定》 | |
|---|---|
| 2009年版 | 2016年版 |
| 9类：教育、医疗、文化、体育、商业、金融邮电、社区服务、市政公用和行政管理 | 10类：教育、医疗、文化、体育、商业、金融邮电快递、社区服务、市政公用和行政管理及其他 |

根据《杭州市城市规划公共服务设施基本配套规定》（杭政函〔2009〕110号），杭州市居住区公共服务设施一般分为居住区、居住小区、基层社区三级。而根据2016年修订版要求，居住区公共服务设施配置采用街道级和基层社区级二级结构布局。根据表2-4可知，2个版本的分级在人口规模上有所不同，2016版规范顺应社会管理机制改革采用街道级和基层社区级二级配置，取消了2009年版中居住小区级规模设置。

杭州市新旧版人口分级规模对比　　　　　　　　　表 2-4

| 《杭州市城市规划公共服务设施基本配套规定》 | | | | | |
|---|---|---|---|---|---|
| 2009 年版 | | | 2016 年版 | | |
| 层级 | 户数（户） | 人口（人） | 层级 | 户数（户） | 人口（人） |
| 居住区 | 10000 ～ 16000 | 30000 ～ 50000 | 街道级 | 15000 ～ 25000 | 45000 ～ 75000 |
| 居住小区 | 5000 ～ 7000 | 15000 ～ 20000 | 基层社区级 | 1500 ～ 2500 | 4500 ～ 7500 |
| 基层社区 | 1500 ～ 2000 | 4500 ～ 6000 | — | | |

## 2.3.2　公共服务设施配置标准

考虑城乡一体化、公共服务设施均等化要求，新旧版《杭州市城市规划公共服务设施基本配套规定》都明确要求了各类公共服务设施控制指标，为满足居住区公共服务功能的基本运转设定基本规模，明确了建筑面积与用地面积。根据表 2-5，显然 2016 年新版规定比旧版面积指标高，表明杭州市顺应社会发展需要扩大居住区公共服务设施建设面积，更加关注提升居住区居民公共服务配套建设，注重整体基本公共服务水平提升。2009 年版和 2016 年版居住区公共服务设施控制指标如表 2-6 和表 2-7 所示。

杭州市新旧居住区公共服务设施控制指标对比　　　　　表 2-5

| 控制指标 | | 《杭州市城市规划公共服务设施基本配套规定》 | |
|---|---|---|---|
| | | 2009 年版 | 2016 年版 |
| 居住区公共服务设施总建筑面积 | 百户指标（m²/ 百户） | 945 ～ 982 | 1167.4 ～ 1228.7 |
| | 人均建筑面积（m²/ 人） | 3.15 ～ 3.27 | 3.89 ～ 4.10 |
| 居住区公共服务设施总用地面积 | 百户指标（m²/ 百户） | 1407 ～ 1520 | 1458 ～ 1540.8 |
| | 人均用地面积（m²/ 人） | 4.69 ～ 5.06 | 4.86 ～ 5.14 |

2009 年版居住区公共服务设施控制指标（单位: m²/ 百户）　　表 2-6

| 类别 | | 居住区汇总 | | 居住区级 | | 居住小区级 | | 基层社区级 | |
|---|---|---|---|---|---|---|---|---|---|
| | | 建筑面积 | 用地面积 | 建筑面积 | 用地面积 | 建筑面积 | 用地面积 | 建筑面积 | 用地面积 |
| 总指标 | | 945 ～ 982 | 1407 ～ 1520 | 471 ～ 478 | 743 ～ 777 | 346 ～ 376 | 565 ～ 644 | 128 | 99 |
| 其中 | 教育 | 378 ～ 415 | 654 ～ 767 | 107 ～ 114 | 192 ～ 226 | 271 ～ 301 | 462 ～ 541 | — | — |
| | 医疗 | 36 | 50 | 33 | 50 | 3 | — | — | — |
| | 文化 | 45 | 65 | 35 | 50 | 10 | 15 | — | — |
| | 体育 | 62 | 175 | 35 | 90 | 27 | 60 | — | 25 |
| | 商业 | 225 | 143 | 190 | 130 | 25 | 13 | 10 | — |
| | 金融邮电 | 10 | 5.0 | 10 | 5.0 | — | — | — | — |

续表

| 类别 | | 居住区汇总 | | 居住区级 | | 居住小区级 | | 基层社区级 | |
|---|---|---|---|---|---|---|---|---|---|
| | | 建筑面积 | 用地面积 | 建筑面积 | 用地面积 | 建筑面积 | 用地面积 | 建筑面积 | 用地面积 |
| 其中 | 社区服务 | 133 | 105 | 21 | 24 | 10 | 15 | 102 | 66 |
| | 市政公用 | 42 | 199 | 27 | 191 | — | — | 16 | 8 |
| | 行政管理 | 14 | 11 | 14 | 11 | — | — | — | — |

**2016 年版居住区公共服务设施控制指标（单位：m²/ 百户）**　　　表 2-7

| 类别 | | 居住区汇总 | | | | 街道级 | | | | 基层社区级 | | | |
|---|---|---|---|---|---|---|---|---|---|---|---|---|---|
| | | 建筑面积 | | 用地面积 | | 建筑面积 | | 用地面积 | | 建筑面积 | | 用地面积 | |
| 总指标 | | 1167.4～1228.7 | | 1458～1540.8 | | 813.9～866.1 | | 1061.9～1131.8 | | 353.5～362.6 | | 396.1～409.0 | |
| 分类指标 | | 控制指标 | 引导指标 | 控制指标 | 引导指标 | 控制指标 | 引导指标 | 控制指标 | 引导指标 | 控制指标 | 引导指标 | 控制指标 | 引导指标 |
| 其中 | 教育 | — | 604.2～644.3 | 863.2～920.3 | | | 475.7～523.6 | 679.6～748 | | | 128.5～137.6 | 183.6～196.5 | |
| | 医疗 | 8.0～9.3 | 6.2 | 9.0～10.5 | 6.2 | 8.0～9.3 | — | 9.0～10.5 | — | — | 6.2 | — | 6.2 |
| | 文化 | 47～50 | — | 5 | 62.5 | 32～35 | — | 5 | 40 | 15 | — | — | 22.5 |
| | 体育 | 60 | — | 175 | — | 35 | — | 120 | — | 25 | — | 55 | — |
| | 商业 | 30 | 220 | — | 166 | 30 | 170 | — | 133 | — | 50 | — | 33 |
| | 金融邮电快递 | 6.5 | 4.5 | — | 5.9 | 1.5 | 4.5 | — | 3.1 | 5 | — | — | 2.8 |
| | 社区服务 | 76.5 | 63 | 25.5 | 83 | 25 | — | 25.5 | — | 51.5 | 63 | — | 83 |
| | 市政公用 | 6.3 | 23 | 0.47 | 89.3 | — | 17.9 | 0.47 | 35.2 | 6.3 | 3 | — | 10 |
| | 行政管理 | 11 | 3.3 | 8.5 | 2.5 | 11 | 3.3 | 8.5 | 2.5 | — | — | — | — |
| | 其他 | — | — | — | — | — | — | — | — | — | — | — | — |

注：① 引导指标依据相关标准或一般容积率进行匡算，商业设施基于《杭州市城市规划公共服务设施基本配套规定》（杭政函〔2016〕105 号）中表 5.2.5-1 进行推算；
　　② 总指标为"控制指标"与"引导指标"的合计数据。

# 第3章  国内城市居住区服务设施标准对比

随着社会经济发展，城市居民收入差距拉大，居住区分档与住区间居民的需求差异日渐凸显，不同城市和地区之间的差异也愈发突出，根据《城市居住区规划设计规范》GB 50180—93 控制配套设施建设量的方法难以区分不同城市、不同需求群体的特殊需求差异，仅能控制到因"量"配置，对"质"的保障不够周全。国内许多城市陆续在《城市居住区规划设计规范（2002 年版）》GB 50180—93（以下简称"2002 年版国标"）修订完毕后，制定了适应自己城市的地方性指标，作为国标的有效补充。本书选用北京市 2015 年修订版《北京市居住公共服务设施配置指标》（京政发〔2015〕7 号）、上海市《城市居住地区和居住区公共服务设施设置标准》DG/TJ 08-55—2019、广州市 2014 年修订版《广州市社区公共服务设施设置标准》、深圳市 2017 年修订版《深圳市城市规划标准与准则》与杭州市 2016 年修订版《杭州市城市规划公共服务设施基本配套规定》（杭政函〔2016〕105 号）和 2018 年住房和城乡建设部发布更新的《城市居住区规划设计标准》GB 50180—2018（以下简称"2018 年版国标"）进行对比，分析研究几个标准的区别与联系，并根据对比情况给出杭州市居住区公共设施服务配置相关优化建议。

## 3.1  居住人口分级控制

《城市居住区规划设计标准》GB 50180—2018，明确居住区划定的生活圈概念，即城市居住区规划设计需要从生活圈角度出发，将居住区划分为 5min、10min、15min 生活圈和居住街坊，城市居民通过使用城市中的四个生活圈内提供的公共服务设施来满足日常生活的需求（表 3-1）。

2018 年版国标居住区规模划分标准　　　　　　　　　　　　表 3-1

| 类别 | 居住街坊 | 5min 生活圈 | 10min 生活圈 | 15min 生活圈 |
|---|---|---|---|---|
| 人口（万人） | 0.1 ～ 0.3 | 0.5 ～ 1.2 | 1.5 ～ 2.5 | 5 ～ 10 |
| 套数（套） | 约 300 ～ 1000 | 约 1500 ～ 4000 | 约 5000 ～ 8000 | 约 17000 ～ 32000 |
| 设施配套要求 | 配套便民服务设施 | 配套社区服务设施 | 设施配套齐全 | 设施配套完善 |
| 定义 | 住宅建筑组合形成的居住基本单元，用地 2 ～ 4hm² 的居住区范围 | 居民步行 5min 可满足其基本生活需求的居住区范围 | 居民步行 10min 可满足其物质与文化生活需求的居住区范围 | 居民步行 15min 可满足其物质与文化生活需求的居住区范围 |

对比发现北京市、上海市和深圳市的公共服务设施分为 3 个级别，而广州市和杭州市公共服务设施分为 2 个级别（表 3-2）。但总体而言，与 2002 年版国标相比，这些城市都在参考国标的基础上，根据自身城市特点确定了合适的公共服务设施分级体系与规模；与 2018 年版国标相比，国标以服务半径为依据进行划分，以人在一定距离内需求的可获取的公共服务设施来管理单元，没有将城市居民的需求纳入。

地方标准与国家标准中的设施级别比较分析　　　　表 3-2

| 2018 年版国标 | 2002 年版国标 | 北京 | 上海 | 广州 | 深圳 | 杭州 |
|---|---|---|---|---|---|---|
| 居住街坊<br>（0.1 万～0.3 万人） | 组团<br>（0.1 万～0.3 万人） | 街区<br>（2～3km²） | 街坊<br>（4000 人） | 居委级<br>（6000～7500 人） | 社区级 | 基层社区级<br>（4500～7500 人） |
| 五分钟生活圈<br>（0.5 万～1.2 万人） | 居住小区<br>（1 万～1.5 万人） | 社区<br>（1000～3000 户） | 居住区<br>（5 万人） | 街道级<br>（3.5 万～10 万人） | 区级 | 街道级<br>（4.5 万～7.5 万人） |
| 十分钟生活圈<br>（1.5 万～2.5 万人） | 居住区<br>（3 万～5 万人） | 建设项目<br>（小于 1000 户） | 居住地区<br>（20 万人） | | 市级 | |
| 十五分钟生活圈<br>（5 万～10 万人） | | | | | | |

## 3.2　公共服务设施分类

国标及各城市的地方标准对于指标类别划分的不同一定程度上折射出我国社会经济的发展轨迹（表 3-3）。对比国标和国内城市的公共服务配建标准，可知住区居民的刚性服务设施需求主要包括教育、医疗卫生、文化体育、社区服务及行政管理、市政公用、商业服务六大类，但在具体名称和具体的设施类别划分上存在细微差距；另外，各地对金融邮电、社会福利与保障、绿地和其他设施存在因地制宜的设置。

国标与国内城市公共服务设施分类对比　　　　表 3-3

| 类别 | 2018 年版国标 | 2002 年版国标 | 北京 | 上海 | 广州 | 深圳 | 杭州 |
|---|---|---|---|---|---|---|---|
| 基层公共管理与公共服务设施 | ▲ | | | | | | |
| 行政管理／管理服务设施 | | ▲ | | ▲ | ▲ | ▲ | ▲ |
| 商业服务业设施 | ▲ | ▲ | ▲ | ▲ | ▲ | | ▲ |
| 文化／文体／文化娱乐设施 | | ▲ | | ▲ | | ▲ | ▲ |
| 金融邮电设施 | | ▲ | | | | | ▲ |

续表

| 类别 | 2018 年版国标 | 2002 年版国标 | 北京 | 上海 | 广州 | 深圳 | 杭州 |
|---|---|---|---|---|---|---|---|
| 体育设施 | | | | ▲ | | ▲ | ▲ |
| 教育设施 | | ▲ | ▲ | ▲ | ▲ | | ▲ |
| 医疗 / 医疗卫生设施 | | ▲ | ▲ | ▲ | ▲ | | ▲ |
| 市政公用设施 | ▲ | | ▲ | ▲ | ▲ | | ▲ |
| 交通场站 / 交通 | ▲ | ▲ | ▲ | | | | |
| 福利设施 | | | | ▲ | ▲ | ▲ | |
| 绿地 | | | | ▲ | ▲ | | |
| 文化体育绿地 | | | | | ▲ | | |
| 社区服务设施 / 社区综合管理服务设施 | ▲ | ▲ | ▲ | | | | ▲ |
| 服务设施 | | | | | ▲ | | |
| 便民服务设施 | ▲ | | | | | | |
| 其他 | | | | ▲ | | | ▲ |

注: ▲表示规范中包含这一类设施类别。交通类, 北京市规范描述为交通设施, 国标为交通场站; 医疗类, 国标为医疗设施, 北京为医疗卫生设施; 管理类, 上海描述为行政管理, 广州为管理服务设施; 文化类, 2002 年版国标描述为文体设施, 上海为文化类, 广州市描述为文化娱乐类。

总体来看, 新旧国标和各大城市地方标准主要存在着各级设施类别与项目内容两方面的差异:

**1. 设施项目类别差异**

北京市的设施配套分类与 2002 年版国标大致一致, 上海市、深圳市和杭州市将文化体育类公共服务设施划分为文化和体育两类, 区别并不大; 上海市和深圳市将社区服务类设施, 转变为社会福利与保障设施, 强调了该类设施的基础性和保障性作用; 广州市将国标中的社区服务和行政管理及其他两类公共服务设施合并为服务设施。北京市、广州市、深圳市和杭州市的公共服务设施分类与 2002 年版国标大同小异, 其中上海市和广州市的公共服务设施分类中将绿地和其他两项单独列出, 体现了上海注重住区环境和生活品质。

**2. 设施项目数量和类别内容差异**

2018 年版国标有 65 项设施, 2002 年版国标有 50 项设施, 北京市、上海市、广州市、深圳市和杭州市分别有 52 项、79 项、42 项、28 项和 52 项设施 ( 图 3-1 )。各地公共设施配置均在国标的基础上, 针对本地情况对公共服务设施的内容进行拆分、合并与新增。

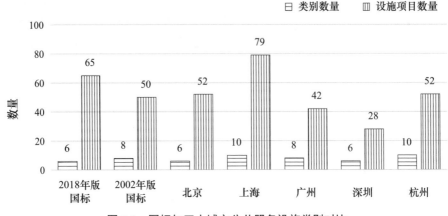

图 3-1　国标与五大城市公共服务设施类别对比

## 3.3　公共服务设施分类对比

考虑本书研究对象是杭州市保障性住区的公共服务设施的供需状况，属于杭州市街道社区级及以下层面内容，根据表 3-2，参考各个层级的人口规模，本书研究对象① 对应 2002 年版国标中的城市居住小区级概念，对应 2018 年版国标是十分钟生活圈级概念。本节将以 2002 年版和 2018 年版国标人口规模选择对应其他城市的公共服务设施分级标准内容：选择北京市社区级及以下层级，选择上海市居住区级及以下层级，选择广州市街道级及以下层级，选择深圳市社区级层级（表 3-4）。考虑五大城市的控制性指标层次多样，分千人指标与百户指标，指标换算不便，本节针对各类设施的配置类别和一般规模进行对比，而不对各类设施的控制性指标进行对比。

国标及五大城市对比层级　　　　　　　　　　　　　　　表 3-4

| 2002 年版国标 | 2018 年版国标 | 北京市 | 上海市 | 广州市 | 深圳市 | 杭州市 |
|---|---|---|---|---|---|---|
| 居住小区级 | 十分钟生活圈 | 社区级层级 | 居住区层级 | 街道级 | 社区级层级 | 基层社区级 |
| 组团级 | 五分钟生活圈 | 建设项目级 | 街坊级别 | 居委会级 | | 街道社区级 |
| | 居住街坊 | | | | | |

注：层级选取以研究对象的规模即保障性居住小区级以下规模为层级分类依据。

### 3.3.1　教育设施

5 个城市的居住小区级及以下层级的教育设施主要有 6 类，托儿所、幼儿园、

---

① 研究保障性住区人口数量低于 3 万人，在 2002 年版国标中属于居住小区级尺度，在 2018 年版国标中是十分钟生活圈概念。

小学和初中都是各城市在居住小区级及以下配套设施规范上普遍明确设立的，而高中和九年一贯制学校则是各城市依据住区的发展需要而规划制定的教育设施（表3-5）。

同一层级的教育设施项目内容对比　　　　表3-5

| 2018年版国标 | 2002年版国标 | 北京市 | 上海市 | 广州市 | 深圳市 | 杭州市 |
|---|---|---|---|---|---|---|
| 幼儿园 | 托儿所 | 幼儿园 | 幼儿园 | 幼儿园 | 幼儿园 | 幼儿园 |
| 托儿所 | 幼儿园 | 小学 | 小学 | 小学 | 小学 | 小学 |
| 小学 |  | 初中 | 初级中学 | 初中 |  | 初级中学 |
| 初中 | 小学 | 高中 | 高级中学 | 高中 | 初中 | 寄宿制普通高中 |
|  |  | 九年一贯制 |  | 九年一贯制 |  | 九年一贯制 |
|  |  | 完全高中 |  | 完全高中 |  | 社区学校 |

注：设施功能分类命名以2002年版国标为准，为教育设施类别。

本书选取5个城市共有的初中、小学、幼儿园和幼托4个教育设施进行配置标准对比，分别比对5个城市的一般规模（表3-6）与千人指标标准（表3-7）。总体来看，新旧国标对该层级的教育设施都没有明确指标，但引导参考其他相关规范文件，而各城市配置标准数值上存在差异，其中差异最显著的是小学和幼儿园两类设施。在建筑面积配置对比中，杭州市与深圳市对教育设施的建筑面积配置无强制性要求，因此，对比用地面积配置标准：在小学方面，广州市配置最低，而杭州市配置最高；在幼儿园方面，深圳市配置最低，上海市配置最高。

### 3.3.2　医疗卫生设施

5个城市的居住小区级及以下层级的医疗卫生设施主要有4类，包括社区卫生服务中心、社区卫生服务站、卫生服务点和药店，其中卫生服务站是明确普遍设立的，而其余的医疗卫生设施等则是各城市依据本地住区发展需要提出的医疗卫生设施种类（表3-8）。上海配套建设的药店和卫生服务点落到基层，满足城市基本看病买药和预防接种需求。

本书选取5个城市共有的社区卫生服务中心和社区卫生服务站进行设施配置标准对比，分别比对5个城市的一般规模标准（表3-9）。对于社区卫生服务站，5个城市都无明确的用地面积控制，都建议结合社区居委会、文化室、老年人服务站点等集中综合设置；从建筑面积配置指标来看，5个城市配置与国标基本一致。对于社区卫生服务中心，除北京和深圳，其余城市都要求有独立用地，但面积要求各异，上海标准配置要求最高，深圳最低。

主要教育设施配置标准对比（单位：m²）

表 3-6

| 教育设施名称 | | 2018年版国标 | | 2002年版国标 | | 北京市 | | 上海市 | | 广州市 | | 深圳市 | | 杭州市 | |
|---|---|---|---|---|---|---|---|---|---|---|---|---|---|---|---|
| | | 建筑面积 | 用地面积 | 建筑面积 | 用地面积 | 建筑面积 | 用地面积 | 建筑面积 | 用地面积 | 建筑面积 | 用地面积 | 建筑面积 | 用地面积 | 建筑面积 | 用地面积 |
| 初中（24班） | | — | — | — | ≥12000 | 10500 | 15000 | 10350 | 19670 | 10800 | 12120～27600 | — | 12000～19200 | — | 29496 |
| 小学（24班） | | — | — | — | ≥12000 | 10500 | 15000 | 10800 | 21770 | 7560 | 10152～19440 | — | 10800～16500 | — | 23447 |
| 幼儿园（6班） | 一般规模 | 3150～4550 | 5240～7580 | — | ≥2000 | 1850 | 3000 | 5500 | 6490 | 1440 | 1800～2340 | — | 1800～2100 | — | 3215 |
| 托儿所 | | — | — | — | ≥1200 | — | — | — | — | 600～800 | 1200 | — | — | — | — |

注：为方便对比，选择5个城市中同一班级数的学校进行对比，即初中（24班）、小学（24班）、幼儿园（6班）和托儿所，其中深圳市并未针对不同教学班数量的教育设施主要教育设施配置的一般规模进行对比。因此，选取深圳市主要教育设施配置的一般规模进行对比。

主要教育设施千人指标对比（单位：m²）

表 3-7

| 教育设施名称 | 2018年版国标 | | 2002年版国标 | | 北京市 | | 上海市 | | 广州市 | | 深圳市 | | 杭州市 | |
|---|---|---|---|---|---|---|---|---|---|---|---|---|---|---|
| | 建筑面积 | 用地面积 | 建筑面积 | 用地面积 | 建筑面积（千人指标） | 用地面积 | 建筑面积 | 用地面积 | 建筑面积 | 用地面积 | 建筑面积 | 用地面积 | 建筑面积 | 用地面积（m²/百户） |
| 初中（24班） | — | — | — | — | 267～290 | 351～402 | — | — | — | — | — | — | — | 270.38（24.58/生） |
| 小学（24班） | — | — | — | — | 423～463 | 536～596 | 432 | 522～870 | — | — | — | — | — | 477.62（21.71/人） |
| 幼儿园（6班） | — | — | — | — | 235～2258 | 350～375 | 550 | 389～649 | — | — | — | — | — | 196.46（17.86/人） |
| 托儿所 | — | — | — | — | — | — | — | — | — | — | — | — | — | — |

注：为方便对比，选择5个城市中同一班级数的学校进行对比，即初中（24班）、小学（24班）、幼儿园（6班）和托儿所。

同一层级的医疗设施项目内容对比　　　　表 3-8

| 2018 年版国标 | 2002 年版国标 | 北京市 | 上海市 | 广州市 | 深圳市 | 杭州市 |
|---|---|---|---|---|---|---|
| 卫生服务中心 | 卫生站 | 社区卫生服务站 | 社区卫生服务中心 | 社区卫生服务站 | 社区健康服务中心 | 社区卫生服务中心 |
| 门诊部 | | | 药店 | | | 社区卫生站 |
| 社区卫生服务站 | | | 卫生服务点 | | | |

注：设施功能分类命名以 2002 年版国标为准，为医疗卫生设施类别。

主要医疗卫生设施一般规模配置标准对比（单位：m²/ 处）　　表 3-9

| 医疗卫生设施名称 | 2018 年版国标 | | 2002 年版国标 | | 北京市 | | 上海市 | | 广州市 | | 深圳市 | | 杭州市 | |
|---|---|---|---|---|---|---|---|---|---|---|---|---|---|---|
| | 建筑面积 | 用地面积 | 建筑面积 | 用地面积 | 建筑面积 | 用地面积 | 建筑面积 | 用地面积 | 建筑面积 | 用地面积 | 建筑面积 | 用地面积 | 建筑面积 | 用地面积 |
| 社区卫生服务站（卫生服务点） | 120~270 | — | 300 | 500 | 120 | — | 150~200 | | 300 | — | — | — | 150~220 | — |
| 社区卫生服务中心 | 1700~2000 | 1420~2860 | 2000~3000 | 3000~5000 | 3000 | — | 4000 | 4000 | 2000 | 4000 | ≥1000 | — | 1400 | 1167~2000 |

## 3.3.3　文体设施

5 个城市的居住小区级及以下层级的文体设施中，文化活动站和居民健身设施是普遍要求设立的，而其他文体设施如小区游园、文化广场则是各个城市根据居民的活动需要提出的个性化配置（表 3-10）。综合比较 5 个城市文化体育设施的配置要求，杭州市与广州市的配置较一致，将文化广场和社区公园项目归入文体设施之下，表明广州市与杭州市更强调对文体活动场所的建设，提升社区文体设施覆盖率，提高居民休闲生活幸福感。而杭州市与上海市的居住小区级及以下层级的文体设施的种类和数量都比其他 3 个城市丰富，其中上海更是关注到全年龄结构需求设置了儿童游戏场地，可以看出上海注重提高住户的生活质量，为居民的休闲生活提供便利条件。

同一层级的文体设施项目内容对比　　　　表 3-10

| 2018 年版国标 | 2002 年版国标 | 北京市 | 上海市 | 广州市 | 深圳市 | 杭州市 |
|---|---|---|---|---|---|---|
| 小型多功能运动场地 | 文化活动站 | 室外运动设施 | 文化活动室 | 文化室 | 文化活动室 | 文化活动中心 |

续表

| 2018 年版国标 | 2002 年版国标 | 北京市 | 上海市 | 广州市 | 深圳市 | 杭州市 |
|---|---|---|---|---|---|---|
| 文化活动中心 | 居民健身设施 | 社区文化设施 | 健身点 | 居民健身场所 | 社区体育活动场地 | 文化广场（公园） |
| 文化活动站 | | | 儿童游戏场 | 小区游园 | | 居住区体育中心 |
| | | | 游泳池 | | | 文化活动室 |
| | | | 运动场 | | | 居民健身点 |

注：设施功能分类命名以 2002 年版国标为准，为文体设施类别。

本书选取 5 个城市共有的文化活动室和居民健身点两个文体设施进行配置标准对比（表 3-11）。总体来看，5 个城市均较注重文体设施的建筑面积标准，各城市文化活动室偏向综合设置，居民健身点用地设置则各有不同，其中广州市的健身点用地面积根据服务人口规模的不同设置了不同的用地面积标准。杭州市的健身点设置建议结合社区内部公共绿地分设多处，并且建议结合城市造景与周边功能，体现综合性与个性化。

主要文体设施一般规模配置标准对比（单位：m²/ 处）　　　　　表 3-11

| 文体设施名称 | 2018 年版国标 | | 2002 年版国标 | | 北京市 | | 上海市 | | 广州市 | | 深圳市 | | 杭州市 | |
|---|---|---|---|---|---|---|---|---|---|---|---|---|---|---|
| | 建筑面积 | 用地面积 | 建筑面积 | 用地面积 | 建筑面积 | 用地面积 | 建筑面积 | 用地面积 | 建筑面积 | 用地面积 | 建筑面积 | 用地面积 | 建筑面积 | 用地面积 |
| 文化活动室 | 250～1200 | — | 400～600 | 400～600 | 700～1000 | — | 100 | — | 200 | — | 1000～2000 | — | 300 | |
| 居民健身点 | — | 770～1310 | — | — | — | — | 200 | — | 300 | 200 | 1200～1875 | 1500～3000 | 400～600 | 800～1400 |

## 3.3.4　商业服务设施

5 个城市的居住小区级及以下层级的商业服务设施中，菜市场和便利店是普遍设立的两个设施，而再生资源回收站、菜市场、美容美发店、与 O2O 结合的商业网点和书报亭等则是各个城市在国标的基础上，根据本城居民的活动需要提出的个性化的设施（表 3-12）。总体来看，对比 5 个城市的商业服务设施种类，发现各城市配置都以居民日常生活使用频率较高的菜市场等便民设施为主。但分析发现，总体上各个城市都未对商业服务设施有过多规范要求，杭州专门针对居住区商业服务设施设置配置引导表，这有利于激活市场活力，推动住区商业服务水平提升。

本书选取 5 个城市共有的菜市场进行配置标准对比（表 3-13）。总体来看，各城市都较注重菜市场建设的建筑面积标准，建议单独设立或者与非住宅用地结合建设。其中，杭州菜市场服务范围较大，建设面积数值较其他城市都较高，并且杭州为保障基层社区基本菜场需求引导便民小菜店作为农贸市场的补充，布置在居民集聚区、小公园、小区沿街等居民活动比较集中的地方。

同一层级的商业服务设施项目内容对比 表 3-12

| 2018 年版国标 | 2002 年版国标 | 北京市 | 上海市 | 广州市 | 深圳市 | 杭州市 |
|---|---|---|---|---|---|---|
| 菜市场 | 便民店 | 小型商服（便利店） | 药店 | 农贸（肉菜）市场 | 社区菜市场 | 便民小菜店农贸市场之外的引导性的商业设施（水果店、早餐店、24 小时便利店、中小超市、与快递服务场所结合的 O2O 网点、药店、美容美发店、书店或书报亭和社区食堂） |
| 餐饮设施 | 市场和其他第三产设施（零售、洗染、美容美发、照相、影视文化、休闲娱乐、洗浴、旅店综合修理以及辅助就业设施等） | 再生资源回收点 | 卫生服务点 | 农贸（肉菜）市场之外的商业服务设施，商业服务内容包括综合百货、超市、餐饮、中西药店、书报、银行、储蓄所、小型影视厅、电信营业所、美容、综合修理等 | | |
| 社区商业网点（超市、药店、洗衣店、美发店等） | | 再生资源回收站 | 室内菜市场 | | | |
| 便利店（菜店、日杂等） | | | 社区食堂 | | | |
| | | | 便利店及其他商店 | | | |
| 邮件和快递送达设施 | | | 生活服务点 | | | |

注：设施功能分类命名以 2002 年版国标为准，为商业服务设施类别。

菜市场配置标准对比（m²/ 处） 表 3-13

| | 2018 年版国标 | | 2002 年版国标 | | 北京市 | | 上海市 | | 广州市 | | 深圳市 | | 杭州市 | |
|---|---|---|---|---|---|---|---|---|---|---|---|---|---|---|
| | 建筑面积 | 用地面积 | 建筑面积 | 用地面积 | 建筑面积 | 用地面积 | 建筑面积 | 用地面积 | 建筑面积 | 用地面积 | 建筑面积 | 用地面积 | 建筑面积 | 用地面积 |
| 一般规模 | 750～1500 | — | 500～1000 | 800～1500 | 1000～1500 | — | 1500 | — | 1000～1500 | — | 500～1000 | — | 3000～4500 | — |
| 服务范围（m） | ≤ 500 | | — | | — | | 500 | | — | | — | | 500～800 | |
| 服务人口规模（万人） | — | | — | | 2～2.5 | | — | | 1～1.5 | | 1～2 | | — | |

## 3.3.5 社会福利设施

5 个城市的居住小区级及以下层级的社会福利设施中，老年人福利院（养老院）和托老所是普遍要求设立的两个设施，而工疗、康体服务中心、社区食堂和托儿所等则是各个城市根据居民的活动需要提出的个性化设施（表 3-14）。对比 5 个城市的社会福利设施种类和分布，发现各城市配置的社会福利设施都以养老设施为主，但可以看出针对有智力缺陷的人员、残疾人、精神病患者的工疗站以及有专门照顾、培养婴幼儿生活能力的托儿所，则随着现代人需求的转变和市场机制的影响，也开始配置。

同一层级的社会福利设施项目内容对比                 表 3-14

| 2018 年版国标 | 2002 年版国标 | 北京市 | 上海市 | 广州市 | 深圳市 | 杭州市 |
|---|---|---|---|---|---|---|
| 老年人日间照料中心（托老所） | 托老所 | 托老所 | 社区养老院 | 老年人福利院（养老院） | 养老院 | 居住区养老院 |
| 社区食堂 | | | 工疗、康体服务中心 | 社区日间照料中心 | 社区日间照料中心 | 残疾人日间照料服务机构 |
| | | | 日间照料中心 | 托儿所 | | 居家养老服务照料中心 |
| | | | 老年活动室 | | | |

注：设施功能分类命名以 2002 年版国标为准，为社会福利设施类别。

本书选取 5 个城市普遍要求设立的养老院和托老所（老年人日间照料中心）进行配置标准对比（表 3-15）。总体来看，各城市都较注重对床位建筑面积的控制，都要求每床建筑面积不少于 20m²，注重餐饮、文娱、健身和医疗保健等内容。2018 年版国标较 2002 年版国标对养老院和托老所的一般规模有更明确规定，显示了国家对社会福利设施重视程度的提高。

养老院与托老所一般规模配置标准对比                 表 3-15

| 社会福利设施名称 | | 2018 年版国标 | | 2002 年版国标 | | 北京市 | | 上海市 | | 广州市 | | 深圳市 | | 杭州市 | |
|---|---|---|---|---|---|---|---|---|---|---|---|---|---|---|---|
| | | 建筑面积 | 用地面积 | 建筑面积 | 用地面积 | 建筑面积 | 用地面积 | 建筑面积 | 用地面积 | 建筑面积 | 用地面积 | 建筑面积 | 用地面积 | 建筑面积 | 用地面积 |
| 托老所 | 一般规模（m²/处） | 350～750 | — | — | — | 800 | — | 200 | — | 300～800 | — | ≥750 | — | 400 | — |
| | 床位数 | — | | 30～50床，每床建筑面积20m² | | ≥10床 | | — | | 按每千人2床位控制，建筑面积不少于20m² | | — | | 社区养老服务设施按每百户20m²建筑面积标准配置。每床建筑面积不少于20m² | |
| | 服务半径（m） | ≤300 | | — | | — | | — | | — | | ≤500 | | ≤500 | |

续表

| 社会福利设施名称 | | 2018年版国标 | 2002年版国标 | 北京市 | 上海市 | 广州市 | 深圳市 | 杭州市 |
|---|---|---|---|---|---|---|---|---|
| 托老所 | 服务规模（万人） | — | — | 0.7～1 | 1.5 | 0.75～2 | 1～2 | — |
| | 主要服务内容 | 老年人日托服务，包括餐饮、文娱、健身、医疗保健等 | 老年人日托服务，包括餐饮、文娱、健身、医疗保健等 | 相应娱乐康复健身设施和社区居家养老服务中心 | 老人照顾、保健康复、膳食供应 | 可结合老年服务中心建设，并应该设置无障碍设施 | 为日托老年人提供膳食供应、个人照顾、康复保健、娱乐和交通接送等日间服务 | 为居家的老年人提供生活照料、家政服务、康复护理和精神慰藉等方面的服务 |
| 养老院 | 一般规模（m²/处） | 建筑面积 7000～17500 / 用地面积 3500～22000 | 建筑面积 — / 用地面积 — | 建筑面积 3000～15000 / 用地面积 — | 建筑面积 3000 / 用地面积 — | 建筑面积 2700～4400 / 用地面积 1900～4000 | 建筑面积 6000～9000 / 用地面积 4000～7500 | 建筑面积 3000 / 用地面积 4000～5000 |
| | 床位数 | 200～500床 | 150～200床，每床建筑面积≥40m² | 300床 | — | 按每千人2.5床位控制规模。每床面积25～30m² | 200～300床，每床面积≥30m² | 100床，并且约60%为护理型，每床面积≥30m² |
| | 服务规模（万人） | — | — | — | 2.5 | — | — | — |
| | 主要服务内容 | 对自理、介助和介护老年人给予生活起居、餐饮服务、医疗保健、文化娱乐等综合服务 | 老年人全托式护理服务 | 床位及相应娱乐康复健身设施 | 养老护理 | 宜与社区卫生服务设施共建 | 为老年人提供起居生活、文化娱乐、医疗保健等服务，应尽可能独立占地 | 生活起居、餐饮服务、文化娱乐、医疗保健、健身 |

注：设施功能分类命名以2002年版国标为准，为社会福利设施类别。

## 3.3.6　社区服务与行政管理设施

　　5个城市的居住小区级及以下层级的社区服务与行政管理设施中，社区服务中心和社区服务管理用房是主要设施，均是维持社区基本运转所必须设立的服务办事机构，其余设施项目如房管办、综治信访维护中心等设施是各个城市根据城市居民的管理需求而建设的设施（表3-16）。对比5个城市的社区服务与行政管理设施布置的层级，可以看出住区的正常运转缺不了这些机构中的任何一个。虽然社区服务和行政管理设施种类不多，但其直接影响政府政策和决定的执行程度，影响到政府职能，是不可忽视的一类公共服务设施。

**同一层级的社区服务和行政管理设施配置项目类别对比**  表 3-16

| 2018 年版国标 | 2002 年版国标 | 北京市 | 上海市 | 广州市 | 深圳市 | 杭州市 |
|---|---|---|---|---|---|---|
| 派出所、市政公用设施等用房 | 社区服务中心 | 社区服务中心 | 社区服务中心税务、工商等 | 社区管理中心 | 便民服务站（社区服务中心） | 社区服务中心 |
| 物业管理与服务 | 治安联防站 | 社区管理服务用房 | 房管办 | 社区服务站 | 社区管理用房 | 派出所 |
| | 市政管理机构（所） | | 社区事务受理服务中心 | 星光老年之家 | 社区警务室 | 城管执法中队用房 |
| | 防空地下室 | | 市政公用设施等用房 | 物业管理委员会 | 市政公用设施等 | 物业管理 |
| | 市政公用设施等用房 | | | | | 市政公用设施等用房 |

注：设施功能分类命名以 2002 年版国标为准，为社区服务与行政管理设施类别。

　　本书选取 5 个城市普遍要求设立的社区服务中心进行配置标准对比（表 3-17）。总体来看，各城市都较注重对建筑面积的控制，都要求每床建筑面积不少于 20m²，主要以中介、协调、就业指导和教育等为主要的服务内容。北京、上海和深圳对其用地面积无强制性控制指引，主要引导其尽量与社区内其他非独立占地的社区级公共设施组合设置。

**社区服务中心一般规模配置标准对比**  表 3-17

| | 2018 年版国标 | | 2002 年版国标 | | 北京市 | | 上海市 | | 广州市 | | 深圳市 | | 杭州市 | |
|---|---|---|---|---|---|---|---|---|---|---|---|---|---|---|
| | 建筑面积 | 用地面积 | 建筑面积 | 用地面积 | 建筑面积 | 用地面积 | 建筑面积 | 用地面积 | 建筑面积 | 用地面积 | 建筑面积 | 用地面积 | 建筑面积 | 用地面积 |
| 一般规模（m²） | 700~1500 | 600~1200 | 200~300 | 300~500 | 1000 | — | 1000 | — | 1000~1500 | — | ≥400 | — | 1000 | 600 |
| 服务半径（m） | ≤1000 | | — | | — | | — | | — | | — | | — | |
| 服务规模（万人） | — | | — | | — | | — | | — | | 1~2 | | — | |
| 主要内容 | — | | 家政服务、就业指导、中介、咨询服务、代客订票、部分老年人服务设施等 | | "一站式"服务大厅，进行社区志愿者管理、社会组织培育、居家养老助残活动、信息咨询、业务培训和家政服务等公益和便利服务 | | 中介、协调、指导、教育、综合为老服务等 | | — | | 宜包含居家养老服务、青少年服务、儿童服务、心理辅导和家庭问题调解及咨询等便民利民和社会救助的服务项目 | | 中介、协调、就业指导、教育等 | |

注：设施功能分类命名以 2002 年版国标为准，为社区服务与行政管理设施类别。

### 3.3.7　邮政及市政公用设施

　　5 个城市的居住小区级及以下层级的邮政及市政公用设施中普遍要求设立邮政所、公共厕所、垃圾转运站和垃圾收集点等设施，而如快递服务场所、有线电视机房和环卫工人休息场所等设施则是各个城市根据居民的活动需要提出的个性化设施（表 3-18）。对比配置标准可以发现，5 个城市在这类设施的配置上差异较大，某些设施在南方城市已经渐渐不再是居民生活必备的设施，如燃气供应站等，而这些设施仍出现在北京市的居住区设施配置标准中。同样，随着网络电子技术、物流的发展，网上银行、快递公司的广泛使用，邮政所等配套设施的设置密度就有可能降低。如杭州市新增社区快递服务场所，很好地适应了市场和居民的日常需求。

同一层级的邮政及市政公用设施配置项目类别对比　　表 3-18

| 2018 年版国标 | 2002 年版国标 | 北京市 | 上海市 | 广州市 | 深圳市 | 杭州市 |
| --- | --- | --- | --- | --- | --- | --- |
| 燃料供应站 | 储蓄所 | 商业服务类 | 变电所 | 邮政所 | 邮政支局 | 银行营业厅 |
| 燃气调压站 | 邮电所供热站 | 燃气调压柜（箱） | 路灯配电室 | 垃圾收集站 | 邮政所 | 邮政所 |
| 供热站 | 变电室 | 热力站 | 市政营业站 | 公共厕所 | 小型垃圾转运站 | 快递服务场所 |
| 有线电视基站 | 邮电所 | 室内覆盖系统机房 | 邮政支局 | 燃气供应站 | 再生资源回收点 | 变电室 |
| 垃圾转运站 | 路灯配电箱 | 固定通信设备间 | 市话交换端局 | 变电室 | 公共厕所 | 消防站 |
| 消防站市政燃气服务网点和应急抢修站 | 燃气调压站高压水泵房 | 有线电视光电转换间 | 出租汽车站 | 社会停车场 | | 变电所 |
| 垃圾转运站 | 燃气调压站 | 配电室（箱） | 煤气调压站 | | | 开闭所 |
| 燃料供应站 | 垃圾转运站居民停车库（场） | 生活垃圾分类收集点 | 环卫道班房 | | | 移动通信基站（共建） |
| 燃气调压站 | 消防站 | 下凹式绿地透水铺装雨水调蓄设施 | 公共厕所 | 消防站 | 环卫工人休息房 | 公共自行车服务点 |
| 其他 | 公交始末站 | 污水处理及再生利用装置 | 公交起讫站 | | | 河道、绿化养护用房 |
| | 燃料供应站 | 锅炉房 | | | | 道路养护用房 |
| | | 固定通信机房 | | | | 环卫工人作息场所 |

续表

| 2018 年版国标 | 2002 年版国标 | 北京市 | 上海市 | 广州市 | 深圳市 | 杭州市 |
|---|---|---|---|---|---|---|
| 其他 | 燃料供应站 | 宏蜂窝基站机房（室外一体化基站） | 公交起讫站 | 消防站 | 环卫工人休息房 | 亮灯养护用房 |
| | | 有线电视机房 | | | | 垃圾收集房 |
| | | 公共厕所 | | | | 生活垃圾收集容器集置场所 |

注：设施功能分类命名以 2002 年版国标为准，为邮政及市政公用设施类别。

## 3.4  本章小结

北京、上海、广州、深圳和杭州等大城市的标准立足本地的实际情况和需求，根据本地经济、社会的发展目标和趋势制定各项细则，在人口规模分级、设施类别划分和项目内容设置等方面体现出本地区的特色，对居住开发中公共服务体系建设具有更实际的指导意义。其中，上海创新性地新增了绿地公园，杭州和广州则将文化广场和社区公园项目纳入文体设施之下，这体现了对住区空间环境品质的重视，注重文体活动场所的建设，提高了住区居民生活品质。

对比 4 个国内一线城市的居住小区级及以下层级的城市公共服务设施配置标准，杭州的配置标准在总体上相对较好，但对各类设施的服务半径与服务规模没有明确规定。

由于保障性住区的特殊性，房型面积偏小，住区的人口密度较普通商品房小区高，各层级的基础设施配置应稍大于一般人口规模，设施类型也更强调基础性和社会性，确保保障教育、医疗卫生、文化体育、社区服务、行政管理、市政公用等设施的配置，弱化商业金融设施的强制性配置标准。此外，保障性住区内住户的人口构成、社会地位等特征，会使得住区需配置的公共服务设施标准不同于普通商品房小区，如对教育设施的需求较高等。

# 第4章 国内外典型城市与区域保障性住区服务设施建设概况对比分析

## 4.1 国内外典型城市与区域保障性住区选址规律

本节分析对比了国内外具有典型代表性的城市和地区的保障性住区建设选址规律与公共设施布置经验要点信息。国内外几大城市和地区保障性住房选址布局特点如表4-1所示。

国内外几大城市、地区保障性住房选址布局特点　　　　　表 4-1

| 国家 | 城市或地区 | 市区的保障性住区比例 | 保障性住区与城市中心平均距离 | 保障性住区与地铁站平均最短距离 | 保障性住区公共服务设施覆盖率 | （边缘、外围区）单个大型保障性住区的用地规模（hm²） |
|---|---|---|---|---|---|---|
| 中国 | 北京市 | （四环以内）17.5% | 20.9km | 1.4km（少部分规划中） | 78.1% | 700～850 |
| | 南京市 | （中心圈层5km）3.8% | 19.3km | 5km（大部分规划中） | 48% | 120～230 |
| | 济南市 | （二环以内）54.3% | 8.7km | 0.9km（全部规划中） | 33.5% | 4～10 |
| | 杭州市 | （城市中心圈层5km）28% | 10.7km | 1.7km（大部分规划中） | 56% | 9～15 |
| | 香港特别行政区 | 11.1% | 18.5km | 1.8km（现状） | 88.1% | 约10 |
| 新加坡 | 新加坡市 | 17.6% | 10.5km | 1km（少部分规划中） | 98.5% | 约2.5 |

注：根据以下资料整理：

① 武廷海，周文生，卢庆强，等. 国土空间规划体系下的"双评价"研究 [J]. 城市与区域规划研究，2019，11（2）：5-15.

② 史亮. 北京市保障性住房规划选址模型研究 [C] // 城市时代，协同规划：2013中国城市规划年会论文集（07-居住区规划与房地产）. 2013：691-709.

③ 杨晓冬，黄丽平. 保障性住房选址问题及对策研究 [J]. 工程管理学报，2012，26（4）：103-107.

④ 汪冬宁，金晓斌，王静，等. 保障性住宅用地选址与评价方法研究：以南京都市区为例 [J]. 城市规划，2012，36（3）：85-89.

⑤ 胡荣希. 新加坡新镇的规划、建设与管理 [J]. 小城镇建设，2002（2）：71-73.

⑥ 杜静，赵小玲. 我国保障性住房选址的决策因素分析：以南京市为例 [J]. 工程管理学报，2012，26（1）：84-88.

⑦ 夏素莲. 香港住房保障制度研究及其对大陆的启示 [D]. 武汉：武汉科技大学，2009.

北京市的保障性住区与城市中心的平均距离和单个大型保障性住区的用地规模是最大的，分别达到20km以上和700～850hm²，这凸显了北京市保障性住区在城市边缘区聚集分布的空间特征。北京市的地铁线建设在2013年前后已较为完善，但由于其特大城市属性，当时保障性住区与地铁站平均最短距离仍有1.4km，超出了人们的可容忍步行距离。

南京市保障性住区分布情况与北京相似，其保障性住区与城市中心的平均距离约20km，单个大型保障性住区的用地规模为120～350hm²，同时南京市区的保障性住区比例相当低，仅3.8%。另外，南京市的保障性住区与地铁站平均最短距离长达5km左右，远远超出了人们的可容忍骑行距离，在研究选取的几个国内外典型城市或地区中是最大的。并且，调研期间的南京市地铁尚在规划建设中，南京市保障性住区居民的出行成本比较高。考虑保障性住区公共服务设施覆盖率仅为48%，相对较低，而当时的南京市保障性住区居民的生活成本却比较高。

济南市保障性住区分布情况与北京市、南京市不同，由于济南城市规模相对较小，市域面积仅为北京市的一半，在此背景下，济南市区的保障性住区比例相当高，超过50%，并且保障性住区与城市中心的平均距离才8.7km。另外，济南市单个大型保障性住区的用地规模仅4～10hm²，用地规模比较小，并无边缘、外围区集聚趋势。但济南市的保障性住区公共服务设施覆盖率最低，仅33.5%，而当时济南市的保障性住区居民的生活成本也比较高。

相比北京市、南京市和香港特别行政区的保障性住区与城市中心平均距离，杭州市距城市中心平均距离为10.7km，杭州市区内保障性住区比例为28%，而且保障性住区空间分布也并无显著边缘、外围区集聚趋势。但调研期间保障性住区与地铁站平均最短距离仍有1.7km，超出人的可容忍步行距离，并且保障性住区公共服务设施覆盖率也仅56%，比北京、香港低，也比新加坡低。因此，2013年前杭州市的保障性住区居民的生活成本总体相对也较高。

我国香港特区与新加坡的保障性住区空间分布情况较为类似，与以上几个中国内地城市不同。在调研期间，我国香港特区和新加坡的市区保障性住区比例均低于20%，香港只有11.1%；保障性住区与城市中心的平均距离均超过10km，香港达18.5km。可以说这两个地区的保障性住区主要分布在城市边缘或外围地区。然而这两个地区的（边缘、外围区）单个大型保障性住区的用地规模比较小，均不超过10hm²，在边缘、外围区，并无大量保障性住区集聚的趋势，比较分散，基本符合提倡的"大混合、小聚居"住区布局模式。由于两个地区的地铁线规划建设比较成熟，保障性住区配套公共服务设施的覆盖率也超过80%。因此，这两个地区的保障性住区居民生活成本比较低，其保障性住区空间布局模式可供国内城市借鉴。

整体而言，"十二五"期间我国的主要城市的保障房主要存在以下问题：① 选址边缘化、郊区化。随着城市的不断扩张，城市用地更加紧张，这导致了保障性住房的选址偏远；② 保障性住房集中建设，分布不均衡。每个区的保障性住房的数量都不相同，很多的保障性住房聚集在一起，易形成空间分异；③ 周边公共配套设施不完善，交通系统不成熟。

而国外城市及我国香港特区由于国家或地区经济的发展及保障住房制度相对来说更为成熟，主要有以下可借鉴之处：① 逐渐将保障性住区设置在外围的新城或者产业集聚区中，并且采用"大混合、小聚居"布局模式；② 将保障性住区布局在公共交通周边，根据私人住宅密度考虑布局区域，保障城市的公平、社会的和谐。如将高密度私人住宅布局在距这些站点稍近的区域，而低密度私人住宅布局在远离这些站点的区域；③ 建设完善的保障性住区配套设施，建立良性循环，实现互惠共赢。

## 4.2　国内外典型城市与区域保障性住区服务设施的案例分析

本节分析对比了国内外具有典型代表性的城市和地区的保障性住区公共设施布置经验要点，总结得出经验与启示，期望对国内保障性住区建设具有一定的指导和借鉴意义。

根据美国[①]和新加坡[②]的保障房案例，不同国家的保障房配套设施及供给标准有较大的差距，在借鉴时需要注意国外案例中的配置标准是否符合我国国情。① 从配建面积看，由于各区域面积差异，美国明显偏大而新加坡则明显偏小。杭州市及国内其他地区保障房选址、保障房设施建设供给标准、建设面积等配置标准的确定都应结合国内国标文件具体确定；② 从保障房设施配置及供给的种类来看，美国和新加坡的保障房案例配置和供给情况相对一致，都配备有日托中心、小学、中学、医院、公园，满足住户教育、医疗、活动及出行的需求（表 4-2）。杭州及国内其他地区的保障房应当从住户需求出发，配建住户需要的服务设施，提高住户生活便利性；③ 从保障房选址交通区位条件来看，美国和新加坡的保障房周边的快速交通站点都相对较多，为住户创造了较为便捷的出行环境。杭州及国内其他地区保障房选址也应考虑住户交通出行需求，尽量降低住户出行成本。

---

① 选取美国特色社区——费城 Raymond Rosen。费城 Raymond Rosen 是一个专为家庭设计的在步行范围内的社区，具有 552 个低层的房屋单元。这个社区提供的房型有：2 室、3 室、4 室和 5 室。每户都有车库、烤炉、电缆连接头和私人出入口。Raymond Rosen 周边有许多城市的便利设施，包括 Hank Gathers Recreation 中心、3 个学校，4 个购物中心、2 个公交中转站等。周边的服务设施便利，居民生活方便。

② 选取新加坡住区 Hougang Meadow。Hougang Meadow 位于 Upper Serangoon 路上，邻近 Hougang 镇中心，是平均层数达 16 ~ 18 层高的社区，其开发建设主要包括 6 个住宅小区，有 732 个一室公寓房单元，还有三室、四室标准公寓。Hougang Meadow 提供了各种不同的公园空间供所有人使用，各类设施由社区步行空间串联。一层停车场上方的活动空间配置了儿童活动场及健身设施，屋顶花园则为住户提供了户外运动和欣赏社区公园的场所。另外，Hougang Meadow 也配备了超市、咖啡馆、养老院等设施，为住区居民的日常生活提供便利。

国外案例公共服务设施配置　　　　　表 4-2

| 设施类型 | 数量 | | 总面积（m²） | | 平均面积（m²/户） | |
|---|---|---|---|---|---|---|
| | 美国费城 | 新加坡 | 美国费城 | 新加坡 | 美国费城 | 新加坡 |
| 日托中心 | 10 所 | 9 所 | 7546 | 191930 | 18.54 | 3.9 |
| 小学 | 9 所 | 20 所 | — | 185902 | — | 3.75 |
| 中学 | 8 所 | 9 所 | 181218 | 251242 | 445.25 | 5.05 |
| 医院 | 5 家 | 6 家 | 36248 | 114057 | 89.06 | 2.30 |
| 公园 | 5 个 | 5 个 | 1412341 | 1854031 | 3470.11 | 37.24 |
| 地铁站 /MRT | 10 个 | 8 个 | — | — | — | — |

通过对国内保障房建设起步较早和较成功的广州市和北京市的保障性住区的公共服务设施配置进行分析（表 4-3），可以得出我国保障房建设的主要问题，即配套服务设施建设时序问题——基础设施不全，时滞现象严重。

广州市和北京市的保障性住房公共服务设施配置建设情况　　　　　表 4-3

| | 选取经典社区 | 配套设施建设情况 |
|---|---|---|
| 广州 | 聚德花苑 | ① 教育设施数量满足使用需求，但质量和面积不满足规划要求；② 医疗设施严重不足，并且政府公益的小区级医疗设施严重缺失，中低收入群体难以享受应有的医疗服务，不能满足社区住户的需求 |
| | 金沙洲新社区 | ① 配套设施质量参差不齐，且与周边公共服务设施距离较远，给弱病残居多的廉租户造成生活不便；② 配套设施的建设落后于社区的发展，如教育设施和综合医院；③ 基本经营类服务设施严重不足，无法满足居民的基本需求 |
| 北京 | 回龙观 | ① 配套设施质量参差不齐；② 周边存在一定数量的学校、公共交通、医疗机构和商业网点等，但无法满足居民需求 |

注：根据以下资料整理：
① 张建昂. 广州市保障性住房空置率的调查研究 [D]. 广州：华南理工大学, 2013.
② 周艺. 基于混合居住模式的广州市保障房住区建设策略研究 [D]. 广州：华南理工大学, 2011.
③ 刘奕辰. 我国保障性住房基本公共服务问题研究 [D]. 青岛：中国海洋大学, 2013.
④ 袁奇峰, 马晓亚. 保障性住区的公共服务设施供给：以广州市为例 [J]. 城市规划, 2012, 36(2)：24-30.

国内保障性住区内公共服务设施的提供成本相对较高，在建设资金有限的情况下，往往存在保障性住区基本公共服务设施不足的问题。保障性住房本应规划配建的公共服务设施，最终可能因规划预留用地不足或规划用地改为他用等因素影响而无法建设。

分析"十二五"期间广州市和北京市的保障房服务设施建设状况，得到如下启示：① 根据广州市、北京市大型保障房住区的发展情况，可以发现，过于集中的大型保障性住区的公共服务设施配置时政府压力较大，而商业设施入驻方面又欠缺吸引力。因此，提倡建立多种类型住房的综合型社区，丰富人口构成，倡导"大混合、小聚居"的模式；② 在已建的保障房社区，都存在公共服务设施配置不足的情况。应明确政府规划的公共定位，建立不完全由市场主导的相对公平的空间调配理念，倡导"政府主导、市场辅助"的模式；③ 结合大型交通基础设施布局，降低通勤成本；④ 顺应我国人口发展趋势，应对人口老龄化后老年人活动及健康需求，加大医疗设施建设力度。

# 第5章 杭州市保障性住区主体特征研究

## 5.1 杭州市保障性住区的居住主体概述

### 5.1.1 杭州市保障性住区主体概述——申请条件

根据《浙江省经济适用住房管理办法》[①]、《杭州市城镇廉租住房保障管理办法》[②]（杭政〔2008〕1号）、《杭州市区公共租赁住房租赁管理实施细则（试行）》[③]（杭房局〔2011〕198号），当前杭州保障性住区申请者条件一般要求：申请者家庭至少一人有当地城镇居民户口并居住一定时限之上；家庭收入符合相关规范要求；购房前无其他用房。各保障房的完整申请条件详见附录。

### 5.1.2 保障性住区主体需求特征的理论分析

公共服务设施是居住区必不可少的组成部分，对于保障性住区更是如此。因为保障性住区居民主要是中低收入人群，生活成本承担能力较低，对公共服务设施的依赖度更高。不同的人群对公共服务设施的偏好也不同。随着时间的推移，人们的需求也在不断地变化，经历不同的阶段。

根据马斯洛需求层次理论[④]（图5-1），将选取的保障性住区的对象人群分成青年、中年和老年三个阶段。① 青年在36岁以下，这一阶段的人群正处于温饱阶段，他们首先需要满足衣食住行方面的需求，才能有余力关注其他。青年阶段正处于事业的奋斗期，收入少，还不能摆脱事业的压力。在公共服务设施上可能更倾向于

---

① 浙江省住房和城乡建设厅. 浙江省经济适用住房管理办法［EB/OL］.（2021-08-10）［2022-02-27］http://www.zj.gov.cn/art/2021/8/10/art_1229530759_2318399.html.

② 杭州市人民政府. 杭州市人民政府关于印发杭州市城镇廉租住房保障管理办法的通知［EB/OL］.（2008-02-22）［2022-02-27］. http://www.hangzhou.gov.cn/art/2008/2/22/art_808427_3112.html.

③ 浙江省人民政府. 杭州市区公共租赁住房租赁管理实施细则（试行）［EB/OL］.（2011-10-31）［2022-02-27］. http://www.zj.gov.cn/zjservice/item/detail/lawtext.do?outLawId＝20547a9c-6a2f-442d-9d1d-6595cf9b164e.

④ 马斯洛需求层次理论，由美国心理学家亚伯拉罕·马斯洛（A. H. Maslow）从人类动机的角度提出的需求层次理论，该理论强调人的动机是由人的需求决定的。需求层次分为5个层级，是由低到高逐级形成并得到满足。而且人在每一个时期，都会有一种需求占主导地位，而其他需求处于从属地位。马斯洛需求层次理论包括生理需求、安全需求、社会需求、尊重需求和自我实现五类。生理需求和安全需求属于温饱阶段，社会需求和尊重需求属于小康阶段，自我实现属于富裕阶段。

商业设施等；② 中年在 36～55 岁，这一阶段人群处于小康时期，事业稳定，收入较高，家庭稳定。在公共服务设施上更倾向于教育设施、文化设施等；③ 老年在 55 岁以上，这一阶段人群家庭负担轻，但是身体状况有所下降，更关注医疗卫生设施、文化设施、体育设施等，特别关注身体和精神健康，以及服务设施的品质。

图 5-1　马斯洛需求层次理论示意图

## 5.2　杭州市保障性住区研究对象选取

　　为了研究杭州市保障性住区主体及其对配套服务设施的需求特征，本书对"十二五"期间杭州市保障性住区进行抽样调研①，分别从城市中心区、城市拓展区、城市外围区三个圈层共选取 21 个保障性住区②（图 5-2），其中包括经济适用房、公租房和廉租房，通过实地走访、问卷调查等方式，收集与分析杭州市保障性住区的居住群体从主体特征、对配套服务设施的使用特征、需求特征和满意度情况，从中发现杭州市保障性住区配套服务设施在配置方面的问题。共发放问卷 995 份，回收有效问卷 777 份。

---

① 课题组成员于 2013 年发放调研问卷，本书所提及社区的调研现状描述为"十二五"期间杭州市保障性住区建设情况。

② 根据杭州市城市发展的规模，以武林广场为中心，将城市保障房体系按城市中心区（距中心 0～5km）、城市拓展区（距中心 5～15km）、城市外围区（距中心 15～40km）三个圈层进行空间分区。

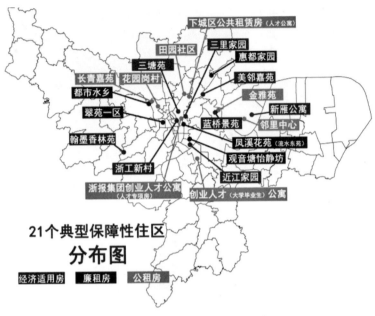

图 5-2　21 个典型保障性住区分布图

## 5.3　杭州市保障性住区居住群体的主体特征分析

### 5.3.1　保障性住区主体特征与家庭结构分析

由图 5-3 可知，本书选取的保障性住区居住群体中男性与女性数量相当，分别占 48% 和 52%，女性数量稍多一点。由图 5-4 可知，保障性住区居住群体的年龄以中青年为主，36 岁以下的青年人与 36～55 岁的中年人数量相当，分别占 40% 和 37%，而且 55 岁以上的老年人也较多，占 23%。由图 5-5 可看出保障性住区居民大部分已婚并且有小孩，占 67%，已婚无小孩的占 9%，未婚的居民仅占 17%。由图 5-6 可知，学历在本科及以上的居民仅占 26%，同时有 29% 的居民文化程度在初中以下。由此可知，居住主体以青年人为主，年轻的家庭占比最大，整体文化程度在本科及以下。

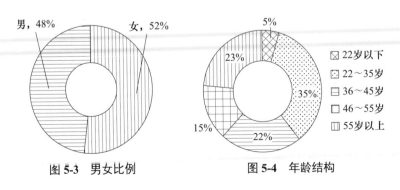

图 5-3　男女比例　　　　　图 5-4　年龄结构

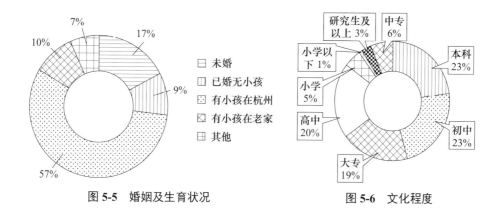

图 5-5 婚姻及生育状况　　　　　　　图 5-6 文化程度

### 5.3.2 保障性住区主体职业与收入特征分析

由图 5-7 可知，保障性住区居民职业以基层职工、商业服务业人员、政府机关、企事业单位干部和管理者为主，一般基层职工占 25.17%，离退休人员也相对较多，占 17.82%。从保障性住区主体收入状况来看，整体的收入水平不高，收入在 2000元以下的占 25%，收入在 2000~5000 元的占 53%（图 5-8）。这与保障性住区的定位相符合，即主要是面对中低收入人群。

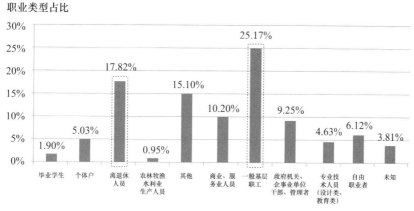

图 5-7 保障性住区主体职业分类

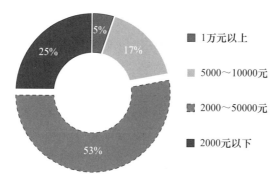

图 5-8 保障性住区主体收入状况

### 5.3.3　保障性住区主体通勤特征分析

调查显示，有 30% 的居民通勤时间在 15min 以内，工作地点就在小区内或附近，有 32% 的居民花费 40～60min，还有一部分在 60min 以上。在居民上班地点意愿上（图 5-9），有 45% 的居民远离居住地点，有的甚至跨区，这极大地增加了通勤时间（图 5-10）。在上下班交通方式上（图 5-11），住区居民以电动车和公交车为主，分别占 34% 和 24%，由于保障性住区居民主要是中低收入人群，采用自驾形式上下班的仅占 16%。

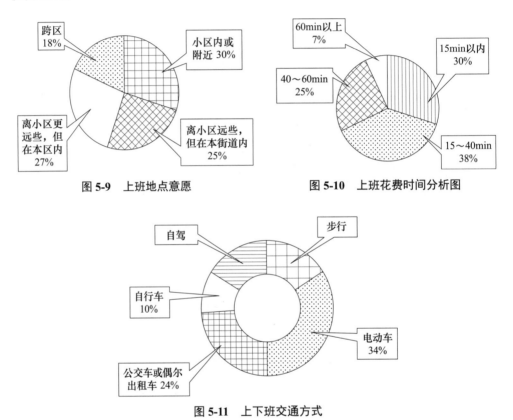

图 5-9　上班地点意愿　　　　图 5-10　上班花费时间分析图

图 5-11　上下班交通方式

### 5.3.4　保障性住区主体特征小结

根据上述研究分析，可以得出以下结论：

（1）主体特征与家庭结构。保障性住区居民以中青年为主，并且居民大部分都已婚且育有小孩，同时老年人比例较高，保障性住区老龄化趋势显著。

（2）主体职业与收入特征。保障性住区居民以一般基层职工和离退休干部为主，保障性住区居民月收入主要分布在 2000～5000 元，符合保障房定位。

（3）主体通勤特征。整体来看，保障性住区居民通勤状况不佳，上班地点较分散，花费时间普遍较长。整体以公共交通出行为主。

## 5.4　杭州市保障性住区主体各类服务设施的使用特征分析

根据《杭州市城市规划公共服务设施基本配套规定》（杭政函〔2009〕110号），居住区公共服务设施包括教育、医疗、文化、体育、商业、金融邮电、社区服务、市政公用、行政管理等九类设施（表5-1）。

居住区公共服务设施分类表　　　　　　　　　　　　　　　表 5-1

| 类别 | 内容 |
| --- | --- |
| 教育 | 基础教育（初中、小学、幼儿园、九年一贯制学校）和社区学校 |
| 医疗 | 社区卫生服务中心（含计划生育技术服务用房）和社区卫生服务站 |
| 文化 | 居住区文化活动中心和居住小区文化站两级设置 |
| 体育 | 建立社区体育设施网络，分居住区、居住小区、基层社区三级设置 |
| 商业 | 区域商业中心、社区（居住区）商业、街坊商业，分居住区、居住小区、基层社区三级设置 |
| 金融邮电 | 银行营业所、邮政所 |
| 社区服务 | 日常生活服务设施、社会养老设施、文化活动设施、康体服务设施等 |
| 市政公用 | 市政基础设施应根据专业规划及详细规划合理设置，并与周围建筑相协调，避免影响居住环境及城市景观 |
| 行政管理 | 包括街道办事处、派出所、社区居委会和社区服务中心等设施。行政管理类设施可结合物业办公空间设置，其中物业管理办公用房与物业管理营业用房，分居住区和基层社区两级设置 |

### 5.4.1　保障性住区服务设施关注度分析

从整体年龄来看，各个年龄段的保障性住区居民整体关注度最高的是医疗卫生设施（图5-12），整体关注度最低的是金融邮电设施和行政管理设施。分年龄段来看，55岁以下的中青年人群由于孩子大部分还处于上学的阶段，其次最关心的是教育设施。而55岁以上的老年人群其次最关心的是社区服务设施，因为老年人基本上都退休在家，日常生活中使用社区服务设施的频率较高。然后，交通设施也是保障性住区居民较为关注的，因为保障性住区居民大部分是中低收入人群，由通勤状况中的交通方式调查可知（见图5-11），使用公交车等公共交通的占24%，另有34%使用电动车，自驾的仅有16%，可知居民在出行方面主要依赖公共交通和电动车等短距离的交通工具，因此交通设施对于保障性住区也是一个重要的公共服务设施。

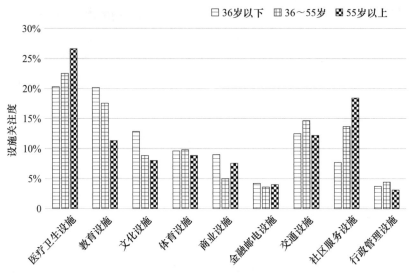

图5-12　不同年龄段最关心的公共服务设施

### 5.4.2　保障性住区医疗卫生设施使用特征

不同的年龄段对不同的医疗卫生设施使用情况也不同：36岁以下青年人更偏向于等级较高的街道（镇）卫生院，60%的人会首选使用街道（镇）卫生院（图5-13）。36～55岁的中年人对于医疗卫生设施没太大的要求，街道（镇）卫生院和社区卫生服务中心都会使用，使用情况相当。而55岁以上的老年人群中占66.07%的居民首选社区卫生服务中心，由于年龄和身体等原因，该年龄段居民出行能力有限，所以距离居住地点近的社区卫生服务中心成为首选。由图5-14可知，大部分居民认为街道（镇）卫生院和社区卫生服务中心与保障性住区的距离都不远，基本上都在可以接受的距离，认为使用方便，仅18%左右的人认为距离较远。

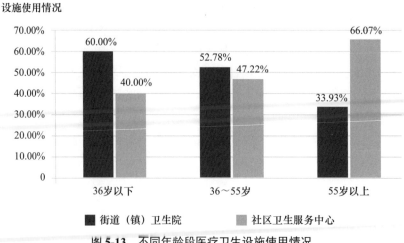

图5-13　不同年龄段医疗卫生设施使用情况

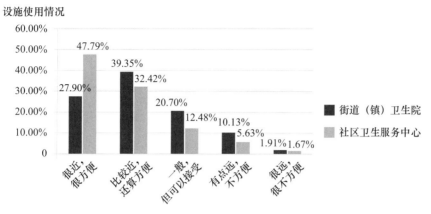

图 5-14　医疗卫生设施距离主观感受

　　由图 5-15 可知，保障性住区居民日常看病就医距离在 2km 以上的占 36%，在 1km 以内的仅占 38%，在距离上对于保障性住区居民出行来说有困难。从花费时间上来看，在 15~40min 内的占 46%，近一半的居民在看病就医路上花费 15~40min；另有 33% 的居民花费的时间在 15min 以内，这部分人主要是前往社区卫生服务中心看病就医，因为社区卫生服务中心与居住区距离很近，花费时间很少（图 5-16）。在交通方式上，由于保障性住区居民主要依赖公共交通和电动车等短距离的交通工具，45% 的人日常看病就医会选择乘坐公交车出行（图 5-17）。

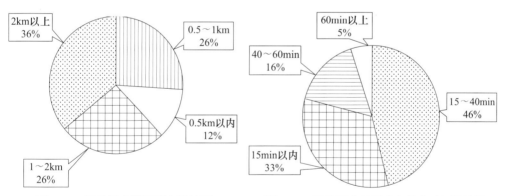

图 5-15　日常看病就医距离统计图　　　　图 5-16　日常看病就医路上花费时间统计图

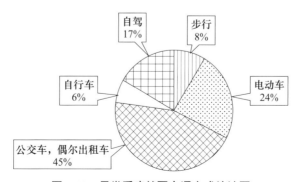

图 5-17　日常看病就医交通方式统计图

保障性住区居民对看病就医可接受的出行时间较短，31%的人可容忍的出行时间在步行10min以内，或自行车5min以内，按每分钟行走100m的速度计算，46%的居民可容忍的距离在1000m以内，与前面实际出行时间、出行距离的对比可知，实际日常看病就医路上花费时间情况与人们可容忍的看病出行时间相差较大（图5-18）。由于人们对医疗卫生设施的关注度最高，使用频率也不低，所以人们对医疗卫生设施的可容忍程度也不高，希望出行时间和距离可以尽可能地短。

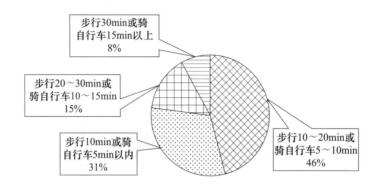

图 5-18　日常看病可容忍的出行时间统计图

### 5.4.3　保障性住区教育设施使用特征

保障性住区大部分家庭都有小孩，大部分小孩还处于儿童阶段，其中有29.22%正在上幼儿园，38.54%正在上小学，还有16.62%和15.62%的小孩分别在上初中和高中，总体所占比例较小（图5-19）。教育设施与保障性住区的距离在2km以上的占31%，在0.5km以内的仅占18%（图5-20）。而这个距离对于占大多数的上小学和托幼的孩子来说相对较远。从上学花费时间来看，有45%的学生上下学在15～40min，15min以内占39%，上学花费时间相对来说不长（图5-21），结合上学交通方式统计图分析（图5-22），40%的家长会采用自驾车和电动车来接送孩子上下学，因而缩短了上下学时间。在学校距离的主观感受上也仅有18%左右的人认为上学远，花费时间多，不方便（图5-23）。

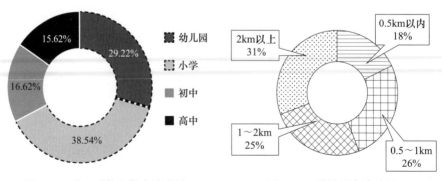

图 5-19　孩子受教育程度统计图　　　图 5-20　学校距离统计图

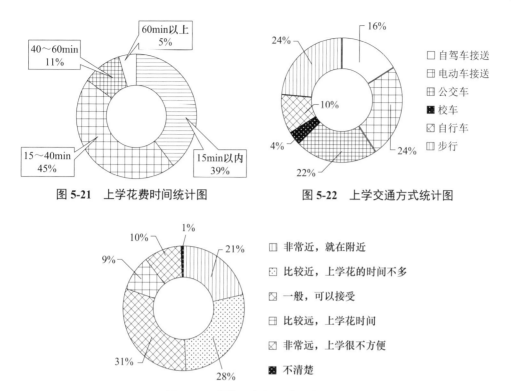

图 5-21 上学花费时间统计图

图 5-22 上学交通方式统计图

图 5-23 学校距离主观感受统计图

对于不同年龄的孩子，保障性住区居民对于上学时间的可容忍程度不同（图 5-24）。对于有上小学的孩子的家庭来说，有 57.39% 的居民可容忍的上学时间在步行 10min 以内，骑自行车 5min 以内，希望上学时间越短越好，可容忍度小。而对于中学生家庭来说，有 52.27% 的居民认为中学生上学距离以步行 10～20min，自行车 5～10min 为宜。总的来看，与前面实际出行花费时间、出行距离的对比可知，实际中学生上学花费时间情况与人们可容忍的上学时间相差较大。

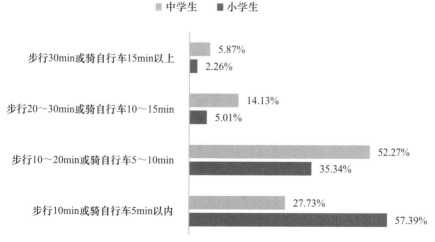

图 5-24 可容忍的上学时间分析图

### 5.4.4 保障性住区文化设施使用特征

保障房住区现有文化设施种类较为丰富，主要有社区老年少儿文化活动中心、社区公园、图书阅览室和文化站，其中保障性住区中的社区老年少儿文化活动中心和社区公园较为普遍，分别占31%和39%（图5-25）。从社区文化设施使用情况来看，文化设施整体的使用频率不高，不同年龄段对于社区文化设施的使用情况也不同（图5-26），其中36岁以下的青年人中有52.27%的人基本不使用文化设施；而中年人与老年人使用文化设施的频率相对青年人较高，几乎1/3以上的人经常使用文化设施，2/5以上的人是偶尔使用。

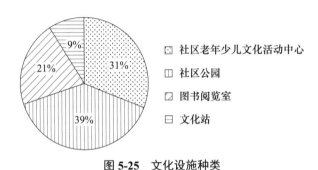

图 5-25 文化设施种类

- □ 社区老年少儿文化活动中心
- ⊞ 社区公园
- ▨ 图书阅览室
- □ 文化站

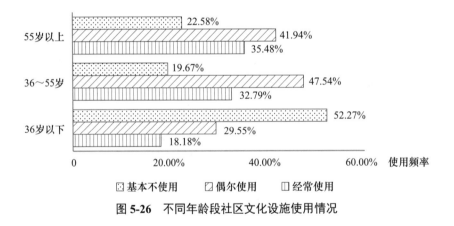

□ 基本不使用    ▨ 偶尔使用    ▥ 经常使用

图 5-26 不同年龄段社区文化设施使用情况

从居民日常使用文化设施的情况来看，保障性住区居民日常使用文化设施的距离较远，在0.5km以内的仅占15%，而2km以上的占33%（图5-27）。保障性住区居民使用文化设施出行花费时间主要集中在15~40min，占42%，出行需要60min以上的占10%（图5-28）。从居民去往文化设施的交通方式来看，主要选择公交车或偶尔出租车、电动车，二者占比55%（图5-29）。从居民使用文化设施出行主观感受来看，有87%的被访者认为文化设施的距离在可以接受的范围（图5-30）。

对于文化设施有46%的被访者的可容忍时间在步行10~20min，或骑自行车5~10min，换算成距离约为1000~2000m，另有37%的被访者的可容忍时间在步行10min以内，或骑自行车5min以内（图5-31）。与前面实际出行花费时间、出行距离的对比可知，实际中居民使用文化设施出行花费时间情况与人们可容忍的使用文化设施出行花费时间相差较小。由此可见，相对于医疗卫生设施、教育设施，居民对文化设施的可容忍程度较大，因为日常使用频率不高，部分人甚至不使用。

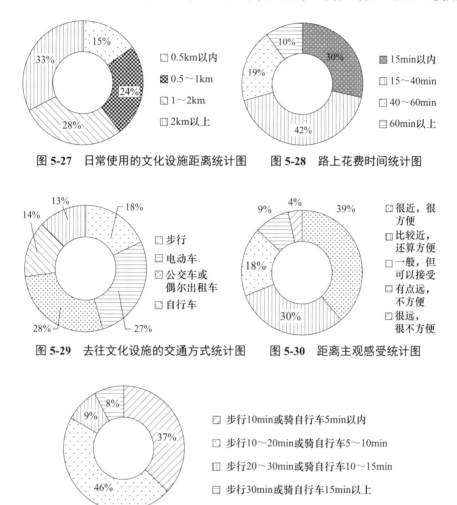

图 5-27　日常使用的文化设施距离统计图　　图 5-28　路上花费时间统计图

图 5-29　去往文化设施的交通方式统计图　　图 5-30　距离主观感受统计图

图 5-31　去往文化设施可容忍的时间

## 5.4.5　保障性住区体育设施使用特征

在保障性住区内，社区体育设施种类丰富，但是设施覆盖较不均衡，59% 是露天健身器材，其次是乒乓桌和室内健身房，分别占 18% 和 14%，而其他体育设施种类较少，在 10% 以下（图 5-32）。不同年龄段使用体育设施的情况也有所不同：36 岁以下青年人使用体育设施频率较高，有 58.11% 经常使用，但是也有一部分青年人基本不使用体育设施，占 26.51%（图 5-33）。36～55 岁的中年人有 56.11% 经常使用体育设施。但是相对来说，55 岁以上的老年人不太热衷于使用体育设施，仅 43.25% 的人经常使用体育设施。

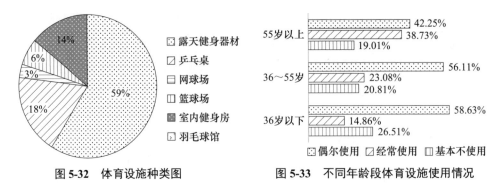

图 5-32　体育设施种类图　　　　图 5-33　不同年龄段体育设施使用情况

保障性住区居民日常的锻炼场地离家在 0.5km 以内（即体育设施在社区内部）的居民有 25%，去距家 0.5～1km、1～2km 和 2km 以外的场地锻炼的居民分别占 31%、26% 和 18%，可以判断保障性住区居民倾向于就近使用体育设施，很少会选择距离远的体育设施（图 5-34）。

去健身锻炼场地在路上花费的时间在 15min 以内的居民占 39%，花费 15～40min、40～60min 和 60min 的分别占 42%、15%、4%，可见大部分居民选择去距离家较近的场地进行锻炼（图 5-35）。选择到 2km 以外的体育设施的居民可能是由于附近的体育设施不能满足他们的日常需求。被访者主要是步行到体育设施（图 5-36）。被访者在主观感受上仅 14% 的人认为体育设施较远（图 5-37）。这些都说明保障性住区居民绝大多数都是就近使用体育设施。

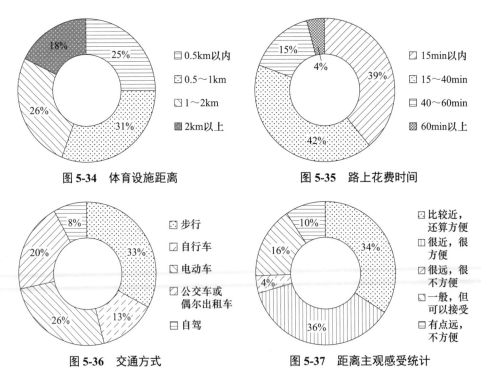

图 5-34　体育设施距离　　　　图 5-35　路上花费时间

图 5-36　交通方式　　　　图 5-37　距离主观感受统计

对于体育设施可容忍时间，步行 10～20min 或骑自行车 5～10min 占 44%，步行 10min 以内或自行车 5min 以内占 42%（图 5-38）。与实际花费时间相比较，两者之间大致相同，说明体育设施的配置在距离上能够满足人们的要求。

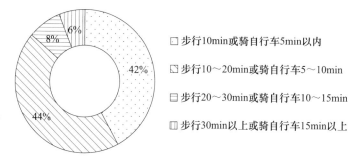

图 **5-38**　去往体育设施的可容忍时间

### 5.4.6　保障性住区商业设施使用特征

保障性住区居民在商业设施的使用上，更倾向于农贸市场和综合性超市（图 5-39）。保障性住区居民中低收入人群较多，农贸市场和综合性超市在商品种类和价格等方面具备优势，这些商业设施更符合居民的需求。

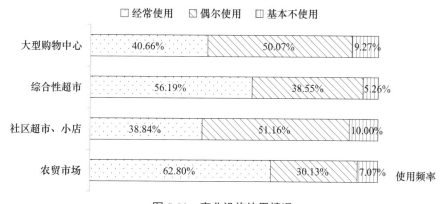

图 **5-39**　商业设施使用情况

保障性住区居民日常购物距离在 0.5km 以内的占 16%，0.5～1km 的占 28%，1～2km 的占 31%，2km 以上占 25%（图 5-40）。花费时间主要集中在 15～40min，占 50%（图 5-41）。从主观感受上来看，农贸市场和社区超市、小店的距离最近，基本上在可接受范围，而综合性超市和大型购物中心距离相对较远，对于保障性住区居民来说不方便（图 5-42）。

可容忍时间，步行 10min 以内或骑自行车 5min 以内占 42%，步行 10～20min 或骑自行车 5～10min 占 43%。被访者普遍可容忍的出行时间是步行 10min 以内，按每分钟步行 100m 计算，可得出可容忍的距离在 1000m 以内（图 5-43）。对比实际距离与时间，大部分商业设施都超过了可容忍的范围。在出行上，花费的时间较长，在交通上的费用也会较多。

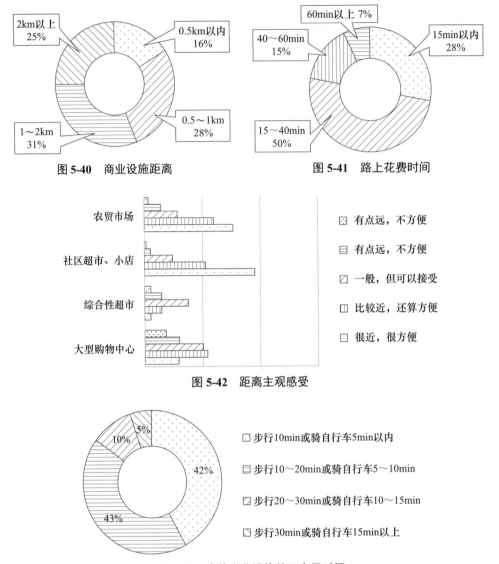

图 5-40　商业设施距离

图 5-41　路上花费时间

图 5-42　距离主观感受

图 5-43　去往商业设施的可容忍时间

　　综上所述，商业设施对于保障性住区居民来说可达性不高，尤其是综合性超市和大型购物中心，在出行距离和时间上都超出了居民可容忍的范围，这对于保障性住区居民来说是极为不便的。商业设施是居民日常生活中使用频率最高的设施之一，距离远、使用不便，这些都会导致居民日常生活成本和时间成本的增加。

### 5.4.7　保障性住区金融邮电设施使用特征

　　金融邮电设施整体的使用频率不高，基本上都是一个月 1~2 次，而不同年龄段的人使用频率也不同（图 5-44）：55 岁以上老年人使用金融邮电设施频率最高，中青年人群较少使用金融邮电设施。随着网络的快速发展，有许多业务都可以在网上办理，中青年人群，尤其是青年人，很少人会去金融邮电设施办理业务。而对老年人来说，网络是他们较为陌生的，他们更喜欢亲自前往金融邮电设施办理，这样更有安全感。

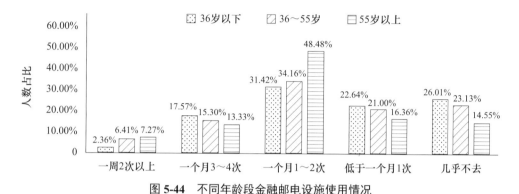

图 5-44　不同年龄段金融邮电设施使用情况

在设施距离方面，在 0.5km 以内的有 16%，0.5～1km 的占 35%，而 1km 以上的占 49%（图 5-45）。但是人们在主观感受上基本上都在可以接受的范围，结合花费时间（图 5-46）来看，可以推断出前往金融邮电设施的交通较为便利，虽然距离较远，但是便利的交通缩短了出行时间，从而影响了人们的主观感受。

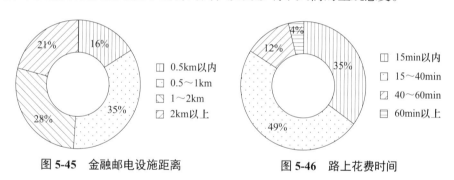

图 5-45　金融邮电设施距离　　　　图 5-46　路上花费时间

金融邮电设施的可容忍程度较低，45% 的被访者希望在步行 10min 以内或骑自行车 5min 以内，也就是距离在 1000m 以内。还有 42% 的人希望在步行 10～20min 或骑自行车 5～10min，距离在 1000～2000m 以内（图 5-47）。与实际情况相对比，基本上满足居民的要求，仍有一小部分超过了可容忍范围，但是便利的交通减少了出行时间，实际可容忍的距离稍有延长（图 5-48、图 5-49）。

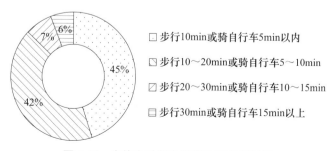

图 5-47　去往金融邮电设施的可容忍时间

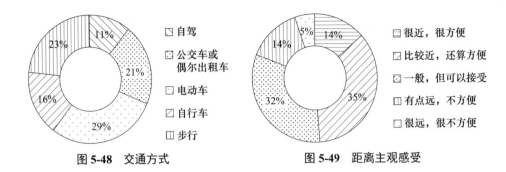

图 5-48 交通方式       图 5-49 距离主观感受

### 5.4.8 保障性住区交通设施使用特征

根据调查，有一半以上的保障性住区的居民远离市中心，去往市中心所花费的时间在 40min 以上，其中甚至有 26% 的人需花费 1h 以上（图 5-50）。这是由于市场经济、政府财政负担等方面原因，大部分保障性住区都选址建设在城市拓展区和外围区，因此保障性住区对于城市中心区的可达性就低了。

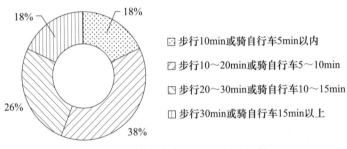

图 5-50 去往市中心路上可容忍的时间

大部分人认为离市中心近一点好，有一半以上的被访者的可容忍时间在步行 20min 以内（距离 2000m 以内），但是因为保障房的特殊性质，大部分选址都远离市中心，为了缩短出行时间，由文化设施的分析可知便利的交通可以延长人们的可容忍时间，所以可以改善交通设施，又因为保障性住区居民基本上都是选择公交车、地铁等公共交通设施，因此保障性住区周边的公共交通设施的配置对居民有直接且较大的影响。

### 5.4.9 保障性住区服务设施使用特征

保障性住区基本上都设有物业管理中心和社区服务设施，占 86%，另有养老院和工疗站分别占 8% 和 6%（图 5-51）。根据前面对主体特征的分析，可以得出老年人有近 1/5，同时在使用频率上，老年人使用社区服务设施更多，因此针对老年人的社区服务设施应该增加（图 5-52）。社区服务设施是社区内部的配套设施，服务半径都在可接受范围内，有 41% 的居民认为该类社区比较近，还算方便（图 5-53）。但是仍然有 9% 的社区服务设施在 2km 以上（图 5-54）。

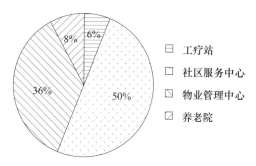

图 5-51　社区服务设施种类

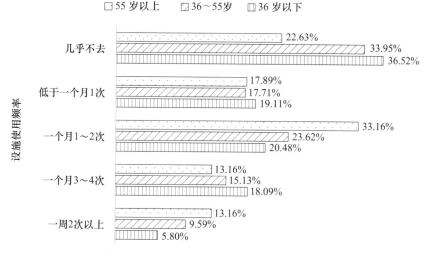

图 5-52　不同年龄段社区服务设施使用情况

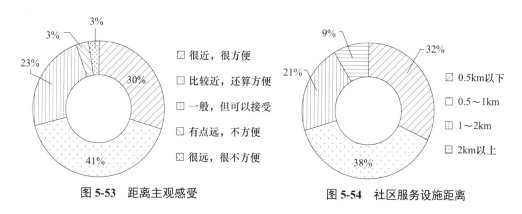

图 5-53　距离主观感受　　　　　图 5-54　社区服务设施距离

## 5.4.10　保障性住区行政管理设施使用特征

行政管理设施的日常使用频率不高，即使有 35% 的行政管理设施距离在 1～2km，甚至还有 25% 在 2km 以上，仍然在被访者的可接受范围内。这说明因为使用频率不高，被访者的可容忍程度显然较高（图 5-55～图 5-57）。对比可容忍的时间，一半以上的被访者在步行 10～20min 或骑自行车 5～10min 内（图 5-58）。

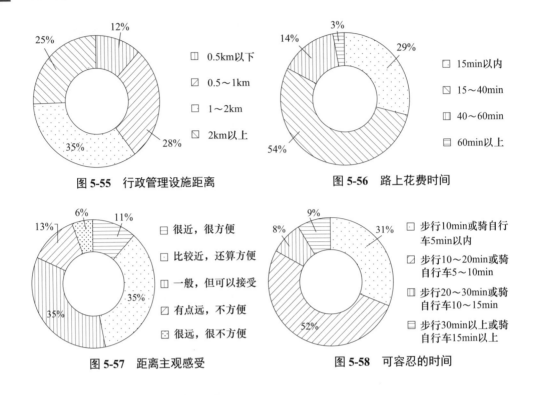

图 5-55　行政管理设施距离　　　　　　图 5-56　路上花费时间

图 5-57　距离主观感受　　　　　　图 5-58　可容忍的时间

## 5.4.11　不同类型服务设施的使用特征小结

根据问卷调查，可以得出不同类型公共服务设施的使用情况，包括服务设施的出行距离、花费时间、距离主观感受和出行可容忍时间等，具体见表 5-2。

不同类型服务设施使用情况总结　　　　　　　　　　　表 5-2

| 居住区级公共设施 | 现状出行距离（最大比例） | 现状花费时间（最大比例） | 现状主观感受（最大比例） | 可容忍时间（最大比例） |
|---|---|---|---|---|
| 医疗卫生设施 | 36%<br>2km 以上 | 46%<br>15～40min | 35%<br>比较近，较方便 | 46%，步行 10～20min 或骑自行车 5～10min |
| 教育设施 | 31%<br>2km 以上 | 45%<br>15～40min | 31%<br>一般，但可以接受 | 小学生：57%，步行 10min 或骑自行车 5min 以内<br>中学生：52%，步行 10～20min 或骑自行车 5～10min |
| 文化设施 | 32%<br>2km 以上 | 42%<br>15～40min | 39%<br>很近，很方便 | 46%，步行 10～20min 或骑自行车 5～10min |
| 体育设施 | 31%<br>0.5～1km | 42%<br>15～40min | 36%<br>很近，很方便 | 44%，步行 10～20min 或骑自行车 5～10min |
| 商业设施 | 31%<br>1～2km | 50%<br>15～40min | — | 43%，步行 10～20min 或骑自行车 5～10min |
| 社区服务设施 | 38%<br>0.5～1km | — | 41%，<br>比较近，还算方便 | — |

续表

| 居住区级公共设施 | 现状出行距离（最大比例） | 现状花费时间（最大比例） | 现状主观感受（最大比例） | 可容忍时间（最大比例） |
|---|---|---|---|---|
| 金融邮电设施 | 35%<br>0.5 ~ 1km | 49%<br>15 ~ 40min | 35%<br>比较近，还算方便 | 45%，步行 10 ~ 20min 或骑自行车 5 ~ 10min |
| 行政管理设施 | 35%<br>1 ~ 2km | 54%<br>15 ~ 40min | 35%<br>一般，但可以接受 | 52%，步行 10 ~ 20min 或骑自行车 5 ~ 10min |

从杭州市保障性住区服务设施关注度来看，各个年龄段的保障性住区居民整体关注度最高的是医疗卫生设施，整体关注度最低的是金融邮电设施和行政管理设施。

从杭州市保障性住区医疗卫生设施来看，不同年龄段的居民对于医疗卫生设施的使用情况有较大差别，青年人更倾向于街道（镇）卫生院，这是因为青年人对医疗卫生设施的服务质量、硬件设施等要求更高，街道（镇）卫生院更符合青年人的要求。而老年人由于年龄、身体等原因，出行较青年人来说不方便，所以社区卫生服务中心成为他们的首选。医疗卫生设施的实际可达性一般，与居民的可接受程度相对比，两者之间有一定的差距，保障性住区周边的医疗卫生设施不能满足居民的日常需求。

从杭州市保障性住区教育设施来看，保障性住区孩子的年龄普遍较小，主要在上托幼和小学，现阶段对于幼儿园和小学类的教育设施需求较大，可能会导致幼儿园、小学等教育设施的供不应求，造成资源紧张，在一定程度上加大了保障性住区居民在教育设施上的负担。同时，居民希望孩子年龄越小，孩子上学路上花费的时间越少。

从杭州市保障性住区文化设施来看，保障性住区对文化设施的需求整体上不高，使用者更多的是中老年人，青年人可能更倾向于网络休闲等方式，因此，在文化设施的种类上应该更多地考虑中老年人的偏好。同时，由于对文化设施的需求度不高，可以适当扩大文化设施服务半径，提升规模质量，减少设施数量。

从杭州市保障性住区体育设施来看，保障性住区体育设施的可达性较好，在出行距离、出行时间上都相对较短，基本上在人们的可容忍范围内。体育设施在种类上虽然丰富，但是不均衡，主要还是以露天健身器材为主，部分居民的需求不能得到满足，只能前往距离更远的体育设施。在体育设施的配置上除了注意种类的丰富外，还要注意各类体育设施之间的均衡。同时，由于青年人和中年人使用更多，在配置时应该更注意适合青年人和中年人的体育设施。

从杭州市保障性住区金融邮电设施来看，中青年人对这类设施的使用频率不高，老年人是使用主体。虽然金融邮电设施距离有部分超过可容忍距离，但是便利的交通减少了出行时间，在主观感受上更能让人接受，因此被访者的实际可容忍距离比心理上的可容忍距离长。

064 城市保障性住区公共服务设施供给评价与规划策略研究

从杭州市保障性住区交通设施来看，保障性住区建设大部分处于城市拓展区和外围区，对于中心城区可达性较低，并且保障性住区居民以公交车、地铁等公共交通设施出行为主。

从杭州市保障性住区服务设施来看，对这类设施有需求的主要是老年人，在社区服务设施配置时应多考虑老年人的需求。

从杭州市保障性住区行政管理设施来看，这类设施距离设置较合理，基本都在居民可容忍范围内。但行政管理设施使用频率不高，老年人是该类设施的使用主体人群。

## 5.5　杭州市保障性住区主体服务设施使用特征差异分析

### 5.5.1　杭州市保障性住区主体服务设施需求特征分析

对于医疗卫生设施，使用频率高，居民最关心医疗卫生设施的服务质量。老年人相对于中青年人更关注医疗卫生设施，考虑老年人年龄和身体原因，使用医疗卫生设施的机会更多。

对于交通设施，保障性住区居民依赖公共交通设施，使用频率高，可达性一般。

对于教育设施，保障性住区居民家庭大部分有小孩，对教育设施的质量最关心。中青年年龄层因家中有小孩，因而比老年人更加关注教育设施。

对于文化设施，使用频率偏低。由于网络的发达，文化设施种类少，选择性小，青年人很少使用文化设施，老年人使用更多，但是整体的需求较高。

对于体育设施，使用频率较高，需求程度也较高，设施的可达性也较好。

对于商业设施，使用频率高，但是设施的可达性偏低，存在设施距离远、数量少的问题。

对于社区服务设施，老年人使用更多，使用频率一般，因为日常生活用到社区服务设施的机会比较少，可达性好。

对于金融邮电设施和行政管理设施，需求度都很低，使用频率也低，可达性一般（表5-3）。

杭州市保障性住区主体服务设施需求特征　　　　　　　　表 5-3

| 居住区级公共设施 | 关注度和需求程度 | 使用频率 | 最关心的因素 | 不同年龄层偏好（青年／中年／老年） | 设施可达性 |
|---|---|---|---|---|---|
| 医疗卫生设施 | 76.82% | 高 | 服务质量 | 老年 | 73.24% |
| 交通设施 | 73.89% | 高 | 公交线路 | — | 65.13% |
| 教育设施 | 72.77% | — | 教育质量 | 青年、中年 | 53.14% |

续表

| 居住区级公共设施 | 关注度和需求程度 | 使用频率 | 最关心的因素 | 不同年龄层偏好（青年 / 中年 / 老年） | 设施可达性 |
|---|---|---|---|---|---|
| 文化设施 | 67.35% | 偏低 | 设施数量与种类 | 老年 | 54.98% |
| 体育设施 | 65.34% | 较高 | 设施数量与种类 | — | 60.12% |
| 商业设施 | 64.67% | 高 | 设施数量 | 青年、老年 | 63.62% |
| 社区服务设施 | 51.45% | 一般 | 设施种类 | 老年 | 83.95% |
| 金融邮电设施 | 44.98% | 低 | 出行时间 | 老年 | 56.79% |
| 行政管理设施 | 37.67% | 低 | 出行时间 | 无 | 49.78% |

## 5.5.2　不同区位主体需求特征差异分析

不同空间区位的保障性住区居民对公共服务设施需求有一定的差异（图 5-59）。差别最大的有 3 类设施，分别是教育设施、交通设施、社区服务设施。城市拓展区和城市外围区的保障性住区居民对教育设施较为关心，城市中心区居民相对来说关注度较低。因为质量好的教育设施基本上都集中在城市中心区，位于城市中心区的保障性住区居民对于教育设施的质量等都无须担心。而城市拓展区和外围区的保障性住区居民则要对教育设施有较多考量。在交通设施上，关心程度从城市中心区、城市拓展区到城市外围区逐渐递增。这也是因为空间上的分布而不可避免的。整体来看，交通设施的关注度在 9 类设施中排在第三，这也说明不论是位于城市中心区的保障性住区，还是位于城市外围区的保障性住区，居民的出行都有一定的困难。

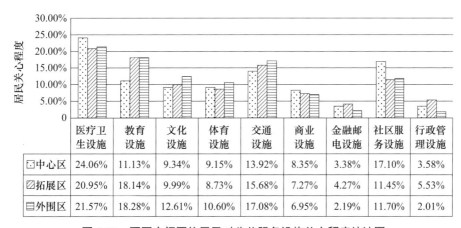

| | 医疗卫生设施 | 教育设施 | 文化设施 | 体育设施 | 交通设施 | 商业设施 | 金融邮电设施 | 社区服务设施 | 行政管理设施 |
|---|---|---|---|---|---|---|---|---|---|
| 中心区 | 24.06% | 11.13% | 9.34% | 9.15% | 13.92% | 8.35% | 3.38% | 17.10% | 3.58% |
| 拓展区 | 20.95% | 18.14% | 9.99% | 8.73% | 15.68% | 7.27% | 4.27% | 11.45% | 5.53% |
| 外围区 | 21.57% | 18.28% | 12.61% | 10.60% | 17.08% | 6.95% | 2.19% | 11.70% | 2.01% |

图 5-59　不同空间区位居民对公共服务设施关心程度统计图

不同空间区位的保障性住区居民对各类公共服务设施的使用频率大致相同，在文化设施和体育设施上稍有区别。城市中心区的文化设施和体育设施使用频率较高，这是因为城市中心区的文化设施和体育设施相对来说，更能满足人们的需求（图 5-60）。在教育设施的使用频率上，城市中心区最高，城市拓展区次之，城市外围区最低。可以看出，城市中心区的保障性住区中有孩子的家庭比例最高，可能是因为人们希望自己的孩子享受到更好的教育设施，更倾向于申请城市中心区的保障房。

　　城市中心区的保障性住区各类公共服务设施的可达性最好；城市拓展区和城市外围区的保障性住区各类公共服务设施的可达性相对较差，而且部分公共服务设施的差距较为明显。从整体来看，各类设施的可达性基本上是从城市中心区、城市拓展区到城市外围区逐渐降低，距离城市中心越远，可达性越差。但是，文化设施、体育设施、行政管理设施情况较为不同。城市外围区的可达性高于城市拓展区（图 5-61）。杭州市保障性住区公共服务设施特征的空间差异对比如表 5-4所示。

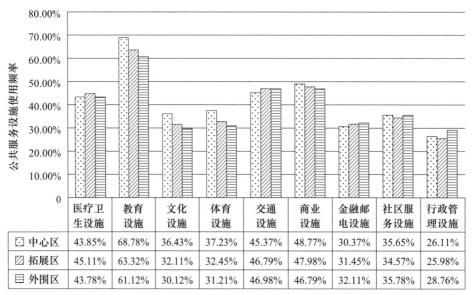

| | 医疗卫生设施 | 教育设施 | 文化设施 | 体育设施 | 交通设施 | 商业设施 | 金融邮电设施 | 社区服务设施 | 行政管理设施 |
|---|---|---|---|---|---|---|---|---|---|
| 中心区 | 43.85% | 68.78% | 36.43% | 37.23% | 45.37% | 48.77% | 30.37% | 35.65% | 26.11% |
| 拓展区 | 45.11% | 63.32% | 32.11% | 32.45% | 46.79% | 47.98% | 31.45% | 34.57% | 25.98% |
| 外围区 | 43.78% | 61.12% | 30.12% | 31.21% | 46.98% | 46.79% | 32.11% | 35.78% | 28.76% |

图 5-60　不同空间区位公共服务设施使用频率统计图

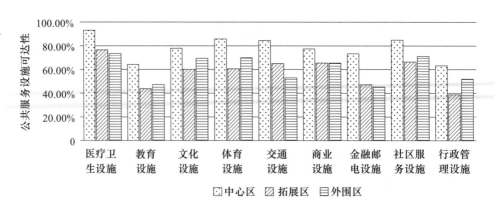

图 5-61　不同空间区位公共服务设施可达性统计图

杭州市保障性住区公共服务设施特征的空间差异对比　　　　　　表 5-4

| 居住区级公共设施 | 城市中心区 | | | 城市拓展区 | | | 城市外围区 | | |
|---|---|---|---|---|---|---|---|---|---|
| | 关心和需求程度 | 使用频率 | 设施可达性 | 关心和需求程度 | 使用频率 | 设施可达性 | 关心和需求程度 | 使用频率 | 设施可达性 |
| 医疗卫生设施 | 高 | 较高 | 92.9% | 高 | 较高 | 76.47% | 高 | 较高 | 74.03% |
| 交通设施 | 一般 | 高 | — | 较高 | 高 | — | 高 | 高 | — |
| 教育设施 | 一般 | 高 | 64.77% | 高 | 较高 | 44.39% | 高 | 较高 | 47.86% |
| 文化设施 | 一般 | 较高 | 79.07% | 一般 | 一般 | 62.09% | 较高 | 一般 | 71.36% |
| 体育设施 | 一般 | 较高 | 86.55% | 一般 | 一般 | 62.05% | 较高 | 一般 | 70.97% |
| 商业设施 | 一般 | 高 | 77.78% | 高 | 高 | 65.23% | 高 | 高 | 65.37% |
| 社区服务设施 | 高 | 一般 | 84.09% | 一般 | 一般 | 65.14% | 一般 | 一般 | 69.63% |
| 金融邮电设施 | 低 | 低 | 73.60% | 低 | 低 | 47.96% | 低 | 低 | 46.34% |
| 行政管理设施 | 低 | 低 | 61.36% | 低 | 低 | 37.71% | 低 | 低 | 50.47% |

### 5.5.3　不同年龄段主体需求特征差异分析

　　保障性住区居民整体关心程度最高的是医疗卫生设施，不论是哪个年龄段都最关心医疗卫生设施（图 5-62）。其次关心的是公共服务设施，因年龄段的不同而有所不同。55 岁以下的中青年人第二关心的是教育设施，因为家里的孩子大部分还处于上学的阶段，尤其是 36 岁以下的青年人，家里小孩基本处于幼儿园和小学阶段，对教育设施尤为关心，随着年龄增长，对教育设施的关心程度下降。而 55 岁以上的老年人其次关心的是社区服务设施，因为老年人基本上都退休在家，日常生活中使用社区服务设施的频率较高。

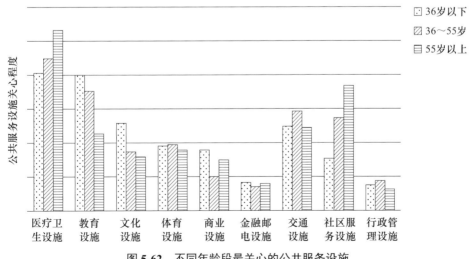

图 5-62　不同年龄段最关心的公共服务设施

　　不同年龄段对于社区文化设施的使用情况也不同（图 5-63）。36 岁以下的青年人有 52.27% 的人基本不使用文化设施。中年人与老年人使用文化设施的频率相对青年人较高，都有 1/3 以上的人经常使用文化设施，2/5 以上的人是偶尔使用。中年人与老年人经常使用社区体育设施（图 5-64）。

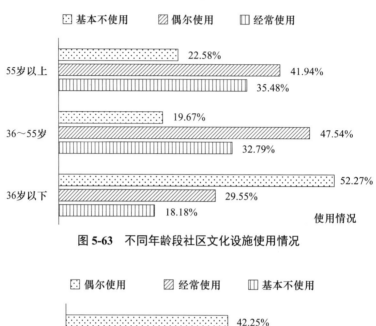

图 5-63　不同年龄段社区文化设施使用情况

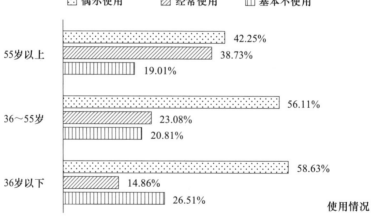

图 5-64　不同年龄段体育设施使用情况

　　金融邮电设施整体的使用频率不高，基本上都是一个月 1～2 次，而不同年龄段的人使用频率也不同（图 5-65）。55 岁以上老年人使用金融邮电设施频率最高，中青年人群较少使用金融邮电设施。因为网络的快速发展，有许多业务都可以在网上办理，中青年人群，尤其是青年人，多选择网络，一般不去金融邮电设施办理业务。而对老年人来说，网络对于他们而言较为陌生，他们更喜欢亲自前往金融邮电设施办理，更有安全感。老年人使用社区服务设施更多，因此针对老年人的社区服务设施应该增加（图 5-66）。

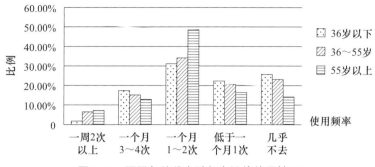

图 5-65　不同年龄段金融邮电设施使用情况

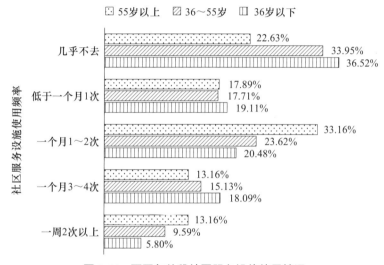

图 5-66　不同年龄段社区服务设施使用情况

## 5.6　杭州市保障性住区主体服务设施满意度分析

### 5.6.1　住区服务设施数量满意度分析

9 类社区级公共服务设施整体上数量一般，认为设施数量充足的被访者均在10% 左右，但是基本可以满足保障性住区居民的日常生活需求（图 5-67）。但是有3 类设施有近一半的被访者都认为设施数量不足，包括体育设施、文化设施、交通设施。随着生活水平的提高，人们对精神需求、身体健康等更加注重，更追求精神上的享受以及健康的身体。但是保障性住区在配套服务设施的配置时，没有长远考虑居民日常需求的变化。由于保障性住区主要选址在城市拓展区和城市外围区，而保障性住区居民主要依赖公共交通设施出行，交通设施的配置直接影响到居民的出行，影响他们的日常生活。但是显然交通设施的数量偏少，不能满足日常出行。

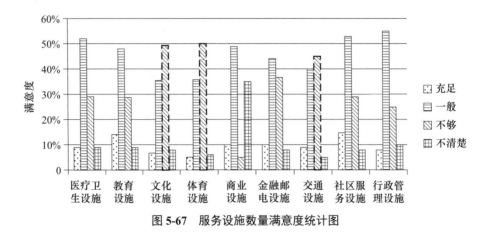

图 5-67　服务设施数量满意度统计图

教育设施在 9 类设施中较为特殊，托幼、小学、初中的使用情况会随着时间的变化而有所波动。保障性住区家庭大部分有小孩，且基本上集中在托幼和小学阶段，对幼儿园和小学的需求比较大，随着时间的变化，对初中的需求量会增大，资源供应会变得紧张（图 5-68～图 5-70）。保障性住区的幼儿园和小学数量一般，基本能满足上学的需求。调研期内初中基本能够满足需求，但随着孩子成长，以调研期初中数量，必然供不应求，导致初中资源紧张，使保障性住区居民只能选择更远的教育设施，增加了保障性住区居民的教育成本，这对于原本就是中低收入人群不利。

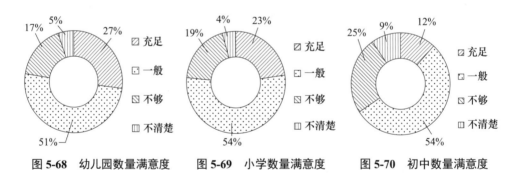

图 5-68　幼儿园数量满意度　　　图 5-69　小学数量满意度　　　图 5-70　初中数量满意度

## 5.6.2　住区服务设施整体满意度分析

保障性住区居民对 9 类社区级公共服务设施整体满意度较高，尤其是医疗卫生设施、社区服务设施、行政管理设施（图 5-71）。社区服务设施、行政管理设施的使用频率不高，对其的容忍度较高，因此满意度较高。对医疗卫生设施满意度高，50% 以上的被访者觉得基本满意，说明医疗卫生设施在服务质量和硬件设施等方面较好，得到人们的认同（图 5-72）。

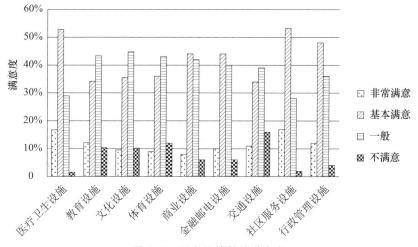

图 5-71　服务设施整体满意度

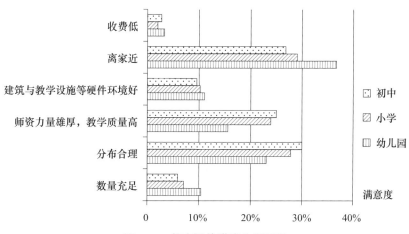

图 5-72　教育设施满意主要原因

对于教育设施满意度最高的是离家近，因为保障性住区小孩主要是上幼儿园和小学，而这两个的服务半径都较小，在 500m 以内。而教育设施的教学质量一直是家长们所关注的，对于教育设施的不满意原因也主要是教学质量，认为师资力量薄弱，教学质量差。孩子年龄越大，对教育设施距离的关心程度越来越小，而对教学质量关心程度越来越高，对初中的教学质量不满意度最高（图 5-73～图 5-76）。

对于文化设施整体较为满意，不满意的仅占 8.3%（图 5-77）。不满意的首要原因是设施数量少，占 43%；其次是设施种类不齐全，占 24%（图 5-78）。随着生活水平的提高，保障性住区居民对文化设施需求变大，更追求多元化的生活。而保障性住区在最初建设时没有长远的规划，文化设施的配置跟不上人们需求的变化。同时现有的文化设施距离远、环境差，已经远远不能满足人们的需求，亟待改善。体育设施与文化设施情况相同，主要不满意原因是设施数量少和设施种类不齐全（图 5-79）。

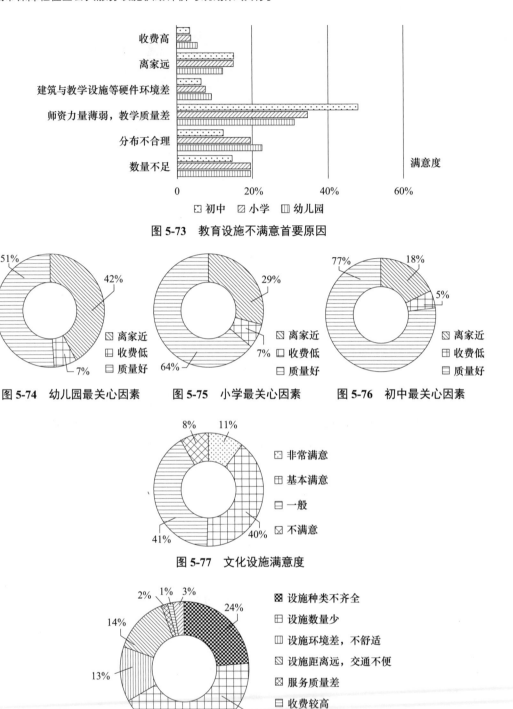

图 5-73　教育设施不满意首要原因

图 5-74　幼儿园最关心因素　　图 5-75　小学最关心因素　　图 5-76　初中最关心因素

图 5-77　文化设施满意度

图 5-78　文化设施不满意首要原因

　　商业设施和金融邮电设施的不满意原因主要是设施数量少和设施种类不齐全（图 5-80、图 5-81）。由于保障性住区多选址于城市拓展区和城市外围区，公共服务设施配置本身有一定的局限，再加上保障性住房的特殊性质，配套服务设施在配

置上不如商品房完善，保障性住区周边各类设施普遍偏少。这在一定程度上加重了
保障性住区居民的负担，形成了恶性循环。

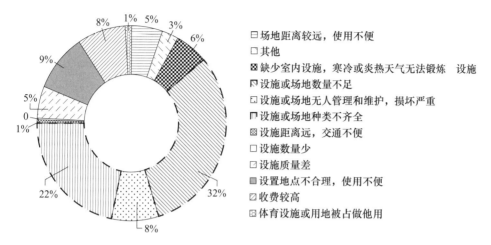

图 5-79　体育设施不满意首要原因

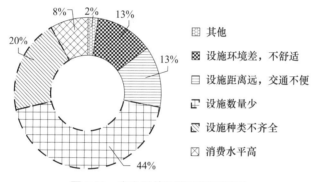

图 5-80　商业设施不满意首要原因

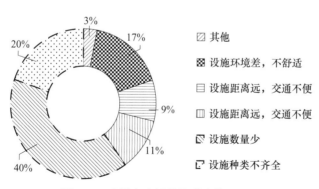

图 5-81　金融邮电设施不满意首要原因

　　保障性住区居民对公共交通设施满意度一般（图 5-82）。不满意的原因主要是
公交线路单一，占 58%（图 5-83）。虽然 2013 年前后的杭州市已经有较完善公交
系统，保障性住房周边基本能实现公交线路的覆盖。但由于保障性社区基本都与市
区有一定距离，且考虑到市区外乘客的流量，以及到市区外线路相对较长等，所以

公交车的班次不能完全满足市民的出行需求，存在着发车时间长、公交线路单一等问题。而公共交通是保障性住区居民主要依赖的出行交通方式，公交线路单一导致出行困难，交通成本增加，加大了负担，对于保障性住区居民来说极为不利。

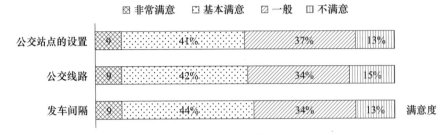

图 5-82　交通设施满意度

保障性住区居民对于停车设施的满意度一般（图 5-84）。随着居民生活水平的不断提升，机动车保有量也不断增加，在数量上也不能满足居民的需求，社区只能通过不断开拓路面停车位的方式，尽量满足业主的停车需要。但是随着路面停车数量的不断增多，路面行人的安全问题开始凸显。在调研过程中，不时能看到一些高价私家车，可能是不需要保障的对象入住，大量占用了保障对象的资源，最终导致停车位不够用。

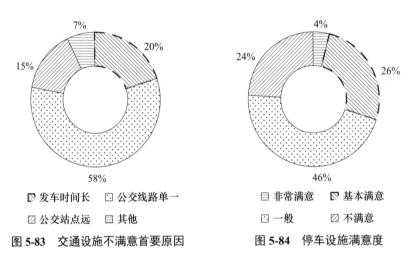

图 5-83　交通设施不满意首要原因　　图 5-84　停车设施满意度

### 5.6.3　不同年龄段满意度差异分析

整体来看，4 个不同年龄段的人群对医疗卫生设施和社区服务设施的满意度都较高（表 5-5），都超过了 65%（图 5-85）。对于教育设施、文化设施、体育设施、交通设施，4 个年龄段的人群满意度有较大差别。教育设施的满意度随着年龄的增长逐渐增高。这是因为 22 岁以下的人群没有小孩，对于教育设施不是很关注。22～35 岁阶段人群的小孩基本是上幼儿园和小学，部分上初中。幼儿园和小学的服务半径小，数量多，而各幼儿园、小学之间的教学质量参差不齐，家长对幼儿园和小学的满意度因此较低。而 36～55 岁年龄段的人群小孩大多已上初中、高中、大学等，相对幼儿园和小学来说，各教育设施之间的差别较小，家长的满意度较高。

不同年龄段对不同类型服务设施满意度 表 5-5

| 居住区级公共设施满意度<br>（按居民关心和需要程度排序） | 22 岁以下 | 22～35 岁 | 36～55 岁 | 55 岁以上 |
|---|---|---|---|---|
| 医疗卫生设施 | 高 | 高 | 较高 | 高 |
| 交通设施 | 较高 | 较低 | 一般 | 较高 |
| 教育设施 | 较低 | 较低 | 一般 | 较高 |
| 文化设施 | 较高 | 较低 | 较低 | 较高 |
| 体育设施 | 一般 | 较低 | 较低 | 较高 |
| 商业设施 | 一般 | 一般 | 较高 | 较高 |
| 社区服务设施 | 高 | 较高 | 较高 | 较高 |
| 金融邮电设施 | 一般 | 一般 | 较低 | 较高 |

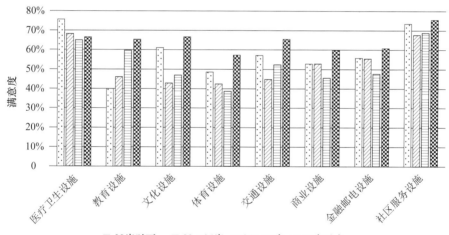

□ 22岁以下　▨ 22～35岁　▤ 36～55岁　▧ 55岁以上

**图 5-85** 不同年龄段满意度

文化设施、体育设施、交通设施这三类设施都是 22 岁以下和 55 岁以上满意度最高。22 岁以下的人群因为年龄较小，对于文化设施、体育设施方面的需求小，所以满意度较高。55 岁以上的老年人对文化设施、体育设施的需求会比较高，但是老年人对其的要求会比较低，尤其是体育设施，只需要满足他们日常健身锻炼的需求即可。22～35 岁和 36～55 岁不仅有需求，对各类设施的要求也较高，因此，这两个年龄段的人群满意度低。

对于商业设施和金融邮电设施，55 岁以上老年人的满意度较高。36～55 岁年龄段的满意度最低。因为这一阶段的人群工作、家庭相对稳定，有一定的经济基础，要求和需求较高，所以满意度低。

### 5.6.4　不同职业类型满意度差异分析

不同的职业类型对于医疗卫生设施和社区服务设施的满意度都较高（表 5-6），在 60% 以上，其他设施的满意度都低于 60%（图 5-86）。管理类保障性住区居民对于各类公共服务设施中教育设施满意度最低，其他各类设施满意度均较高。专业技术类和服务类保障性住区居民对于公共服务设施的满意度大致相同。对文化设施、体育设施和商业设施的满意度是最低的。但是在教育设施上有较大差别。专业技术类保障性住区居民对教育设施满意度偏低，而服务类满意度较高。一般基层类的保障性住区居民对于公共服务设施除了医疗卫生设施和社区服务设施外，满意度较为平均，都较为满意。仅体育设施的满意度在 50% 以下，其他都在 50%以上。

不同职业的服务设施满意度分析表　　　　表 5-6

| 居住区级公共设施满意度<br>（按居民关心和需要程度排序） | 管理类 | 专业技术类 | 经营类 | 服务类 | 一般基层类 |
|---|---|---|---|---|---|
| 医疗卫生设施 | 较高 | 高 | 较高 | 较高 | 较高 |
| 交通设施 | 较低 | 较低 | 一般 | 较低 | 一般 |
| 教育设施 | 较低 | 低 | 低 | 一般 | 较高 |
| 文化设施 | 一般 | 较低 | 一般 | 较低 | 一般 |
| 体育设施 | 一般 | 低 | 一般 | 低 | 一般 |
| 商业设施 | 一般 | 一般 | 较高 | 较低 | 一般 |
| 社区服务设施 | 较高 | 较高 | 较高 | 较高 | 较高 |
| 金融邮电设施 | 一般 | 一般 | 较低 | 较低 | 一般 |

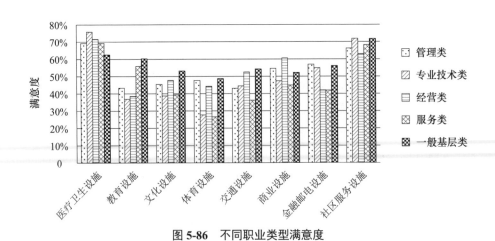

图 5-86　不同职业类型满意度

## 5.6.5　保障性住区主体服务设施的满意度小结

对于医疗卫生设施，设施数量满意度一般，保障性住区居民的整体满意度较高，但是对医疗卫生设施的服务质量要求较高，这是导致不满意的主要原因。

对于交通设施，保障性住房虽然能实现公交线路的覆盖，但由于保障性社区基本都与市区有一定距离，且考虑到市区外乘客的流量，以及到市区外线路相对较长等，公交车的班次也不能完全满足市民的出行，出现公交线路单一的问题、出行有一定困难、整体满意度偏低的情况。

对于教育设施，保障性住区居民的整体满意度一般，设施数量满意度也一般，对教育设施的质量最不满意，因为保障性住房主要在城市拓展区和外围区，而教育质量好的学校大部分都在市中心。

对于文化和体育设施，整体满意度都偏低，存在设施数量少、种类不齐全的问题，导致选择余地小，不能满足日常需求。

对于商业设施，设施数量少，满意度一般。

对于社区服务设施、金融邮电设施和行政管理设施，居民对这三者要求不高，整体满意度较高（表 5-7）。

杭州市保障性住区主体服务设施满意度小结　　　　　　　　　　表 5-7

| 居住区级公共设施<br>（按居民关心和需要程度排序） | 设施数量 | 整体满意度 | 不满意主要原因 |
| --- | --- | --- | --- |
| 医疗卫生设施 | 一般 | 较满意 | 服务质量差 |
| 交通设施 | 不够 | 偏低 | 公交线路单一 |
| 教育设施 | 一般 | 一般 | 教育质量差 |
| 文化设施 | 不够 | 偏低 | 设施数量与种类少 |
| 体育设施 | 不够 | 偏低 | 设施数量与种类少 |
| 商业设施 | 不够 | 一般 | 设施数量少 |
| 社区服务设施 | 一般 | 较满意 | 设施种类不齐全 |
| 金融邮电设施 | 一般 | 一般 | — |
| 行政管理设施 | 不够 | 较满意 | — |

# 第6章 宏观层面的保障性住区
# 服务设施供需评估

## 6.1 杭州市保障性住区与城市级服务设施的空间关系分析

本章主要运用 GIS 空间分析平台，剖析 2013 年前后杭州市保障性住区与城市级服务设施的空间关系，包括各类城市级公共服务设施对保障性住区的服务辐射情况，以及保障性住区到达每一类城市级公共服务设施的最短距离[①]。其中，选取相应的服务设施服务半径的数值进行 GIS 空间运算。根据杭州市城市发展的规模，以武林广场为中心，将城市保障房体系按城市中心区（距中心 0～5km 范围）、城市拓展区（距中心 5～15km 范围）、城市外围区（距中心 15～40km 范围）3 个圈层进行空间分区。

### 6.1.1 城市级医疗设施供给分析

城市级医疗设施包括综合医院、中医院、专科医院、急救中心、市区级老年护理院。

从城市级医疗设施对保障性住区的服务辐射情况来看，总体覆盖率为 65.5%（图 6-1）。位于城市中心区的保障性住区能够较好地享受城市级医疗设施的服务，90.3% 的保障性住区在城市级医疗设施服务面积覆盖范围之内；在城市拓展区，61.1% 的保障性住区能够享受城市级医疗设施的服务；而在城市边缘区，城市级医疗设施服务面积覆盖范围之内的保障性住区数量为该圈层保障性住区数量的 44%。城市级医疗设施对于城市拓展区、城市外围区的保障性住区覆盖率偏低，尤其是在城市外围区，超过一半的保障房家庭无法较好地享受城市级医疗设施，就医十分不便。

从保障性住区与城市级医疗设施最短距离的分布情况来看，总体平均距离为 2.9km，位于城市中心区的保障性住区与城市级医疗设施的距离较近，平均距离为 1.2km；在城市拓展区，保障性住区与城市医疗设施的距离较远，平均距离为 2.2km，而且离城市中心区越远，其与城市级医疗设施的距离越远；在城市外围区，保障性住区与城市级医疗设施的距离很远，平均距离为 6.2km，在这个圈层内保障房家庭不能很好地享受到医疗服务（图 6-2）。

---

[①] 本书所提及调研现状描述都是 2013 年杭州市保障性住区现状情况，并针对当时情况提出的建设意见和策略。

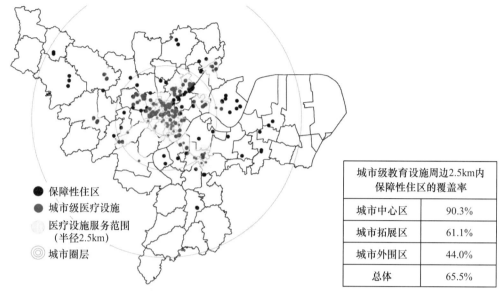

| 城市级教育设施周边2.5km内保障性住区的覆盖率 | |
|---|---|
| 城市中心区 | 90.3% |
| 城市拓展区 | 61.1% |
| 城市外围区 | 44.0% |
| 总体 | 65.5% |

图 6-1　城市级医疗设施对保障性住区的服务辐射情况

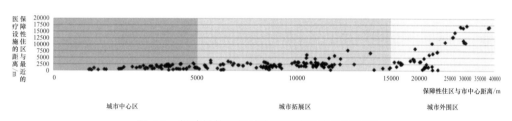

图 6-2　保障性住区与城市级医疗设施最短距离

## 6.1.2　城市级教育设施供给分析

城市级教育设施包括高中、初中。

从城市级教育设施对保障性住区的服务辐射情况来看，总体覆盖率为 56.4%（图 6-3）。位于城市中心区的保障性住区拥有较好的城市级教育设施，85.5% 的保障性住区在城市级教育设施服务面积覆盖范围之内；在城市拓展区，47.2% 的保障性住区（其中多数接近城市中心区）能够享受城市级教育设施的服务；而在城市边缘区，城市级教育设施服务面积覆盖范围之内的保障性住区数量为该圈层保障性住区数量的 40%。城市级教育设施对于城市拓展区、城市外围区的保障性住区覆盖率偏低，在这两个圈层中一半以上的保障房家庭的孩子可能需要跨学区就读，这会加重保障房家庭的生活负担与成本。

从保障性住区与城市级教育设施最短距离的分布情况来看，总体平均距离为 3.5km，位于城市中心区的保障性住区与城市级教育设施的距离较近，平均距离为 0.9km；在城市拓展区，保障性住区与城市教育设施的距离较远，平均距离为 2.9m，而且离城市中心区越远，其与城市级教育设施的距离越远；在城市外围区，保障性住区与城市级教育设施的距离很远，平均距离为 8.1km，在这个圈层内保障性住区家庭的孩子，上学距离非常长，耗费时间成本和经济成本更多（图 6-4）。

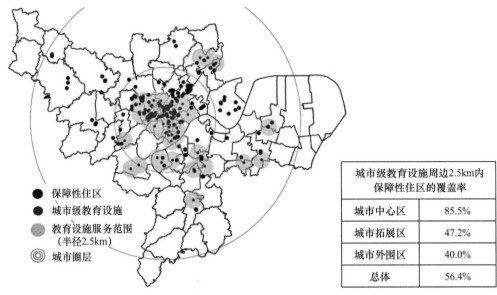

| 城市级教育设施周边2.5km内保障性住区的覆盖率 | |
| --- | --- |
| 城市中心区 | 85.5% |
| 城市拓展区 | 47.2% |
| 城市外围区 | 40.0% |
| 总体 | 56.4% |

图例：
● 保障性住区
● 城市级教育设施
● 教育设施服务范围（半径2.5km）
◎ 城市圈层

图 6-3　城市级教育设施对保障性住区的服务辐射情况

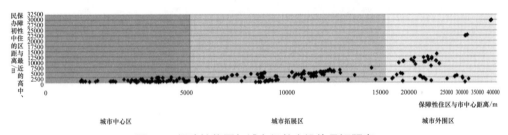

图 6-4　保障性住区与城市级教育设施最短距离

### 6.1.3　城市级文化设施供给分析

城市级文化设施包括图书馆、群艺馆、科技馆、档案馆、青少年活动中心、老年活动中心和片区文化活动活动中心。

从城市级文化设施对保障性住区的服务辐射情况来看，总体覆盖率为 55.9%（图 6-5）。位于城市中心区的保障性住区能够较好地享受城市级文化设施的服务，85.5% 的保障性住区在城市级文化设施服务面积覆盖范围之内；在城市拓展区，48.1% 的保障性住区能够享受城市级文化设施的服务；而在城市边缘区，城市级文化设施服务面积覆盖范围之内的保障性住区数量为该圈层保障性住区数量的 36%。城市级文化设施对于城市拓展区、城市外围区的保障性住区覆盖率偏低，在这两个圈层中一半以上的保障房家庭无法很好地享受城市文化设施，精神生活需求难以满足。

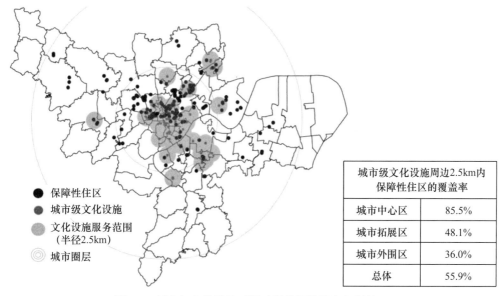

| 城市级文化设施周边2.5km内保障性住区的覆盖率 | |
| --- | --- |
| 城市中心区 | 85.5% |
| 城市拓展区 | 48.1% |
| 城市外围区 | 36.0% |
| 总体 | 55.9% |

图 6-5　城市级文化设施对保障性住区的服务辐射情况

　　从保障性住区与城市级文化设施最短距离的分布情况来看（图 6-6），总体平均距离为 3.5km，位于城市中心区的保障性住区与城市级文化设施的距离较近，平均距离为 1.3km；在城市拓展区，保障性住区与城市文化设施的距离较远，平均距离为 2.2km，而且离城市中心区越远，其与城市级文化设施的距离越远；在城市外围区，保障性住区与城市级文化设施的距离很远，平均距离为 7.2km，在这个圈层内保障房家庭无法很好地享受城市级文化设施服务。

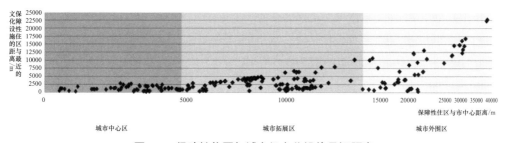

图 6-6　保障性住区与城市级文化设施最短距离

### 6.1.4　城市级体育设施供给分析

　　城市级教育设施包括体育场、游泳馆等。

　　从城市级体育设施在保障性住区的服务辐射情况来看，总体覆盖率为 33.2%（图 6-7）。位于城市中心区的保障性住区能够较好地享受城市级体育设施的服务，77.4% 的保障性住区在城市级体育设施服务面积的覆盖范围之内；在城市拓展区，16.7% 的保障性住区能够享受城市级体育设施的服务；而在城市边缘区，城市级体育设施服务面积覆盖范围之内的保障性住区数量为该圈层保障性住区数量的 14%。

城市级体育设施在城市拓展区、城市外围区的保障性住区覆盖率偏低，这两个圈层中的绝大部分的保障房家庭无法很好地享受城市体育设施。

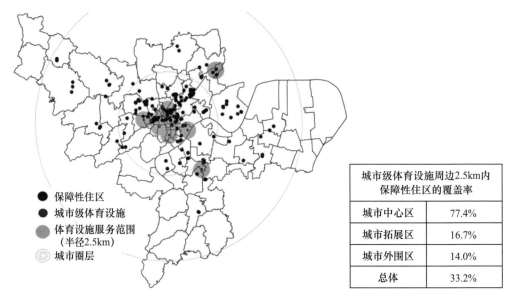

| 城市级体育设施周边2.5km内保障性住区的覆盖率 | |
| --- | --- |
| 城市中心区 | 77.4% |
| 城市拓展区 | 16.7% |
| 城市外围区 | 14.0% |
| 总体 | 33.2% |

图6-7 城市级体育设施对保障性住区的服务辐射情况

从保障性住区与城市级体育设施最短距离的分布情况来看（图6-8），总体平均距离为6.0km，位于城市中心区的保障性住区与城市级体育设施的距离较近，平均距离为1.7km；在城市拓展区，保障性住区与城市文化设施的距离较远，平均距离为5.7km，而且离城市中心区越远，其与城市级文化设施的距离越远；在城市外围区，保障性住区与城市级文化设施的距离很远，平均距离为12.0km。城市级文化设施与城市拓展区和外围区的保障性住区的距离很远，在这两个圈层内的家庭无法很好地享受城市级体育设施的服务。

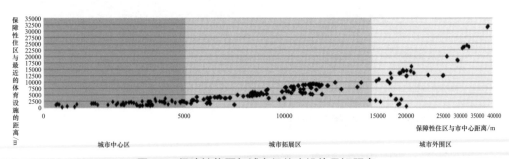

图6-8 保障性住区与城市级体育设施最短距离

## 6.1.5 城市级商业设施供给分析

城市级商业设施包括大型购物中心（大商场、综合体）和大型综合性超市（建筑面积6000m² 以上）。

从城市级商业设施对保障性住区的服务辐射情况来看，总体覆盖率为 43.6%（图 6-9）。位于城市中心区的保障性住区能够较好地享受城市级商业设施的服务，有 80.6% 的保障性住区在商业设施的服务范围之内；在城市拓展区，只有 31.5% 的保障性住区（其中多数接近城市中心区）能够享受城市级商业设施的服务；而在城市外围区，城市级商业设施服务面积覆盖范围之内的保障性住区数量为该圈层保障性住区数量的 24.0%。城市级福利设施在其 2.5km 的辐射范围内，保障性住区的覆盖率普遍较低，这对这些保障房家庭的日常出行造成了极大的不便。

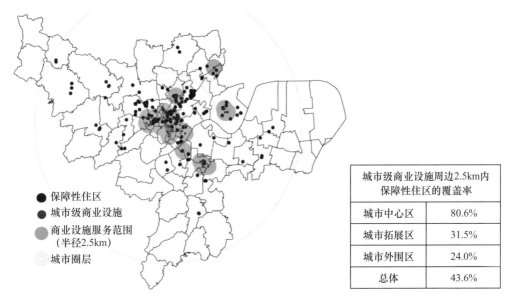

| 城市级商业设施周边2.5km内保障性住区的覆盖率 | |
| --- | --- |
| 城市中心区 | 80.6% |
| 城市拓展区 | 31.5% |
| 城市外围区 | 24.0% |
| 总体 | 43.6% |

图 6-9 城市级商业设施对保障性住区的服务辐射情况

从保障性住区与其最近的城市级商业设施最短距离的分布情况来看（图 6-10），虽然总体的平均距离有 4.4km，但其在城市中心区、扩展区、外围区分布十分不均衡。城市中心区的保障性住区与其最近的城市级商业设施的平均距离只有 1.5km，而在城市扩展区就增加到 3.8km，在城市外围区的平均距离甚至达到 9km 以上。由此可见，对于城市外围区的保障性住区来说，城市级商业设施的分布是十分不合理的。

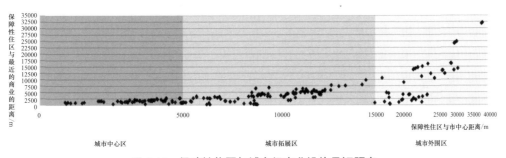

图 6-10 保障性住区与城市级商业设施最短距离

### 6.1.6　城市级福利设施供给分析

城市级福利设施包括市区级养老院、儿童福利院和救助管理站。

城市级福利设施包括市区级养老院、儿童福利院、救助管理站。从城市级福利设施对保障性住区的服务辐射情况来看，总体覆盖率为 26.8%（图 6-11）。位于城市中心区的保障性住区也仅有 37.1%；在城市拓展区，只有 21.3% 的保障性住区（其中多数接近城市中心区）能够享受城市级福利设施的服务；而在城市外围区，城市级福利设施服务面积覆盖范围之内的保障性住区数量为该圈层保障性住区数量的 34.0%。城市级福利设施在其 2.5km 的辐射范围内，保障性住区的覆盖率普遍较低。通过以上数据，可以看出福利设施有向城市外围迁移的趋势。

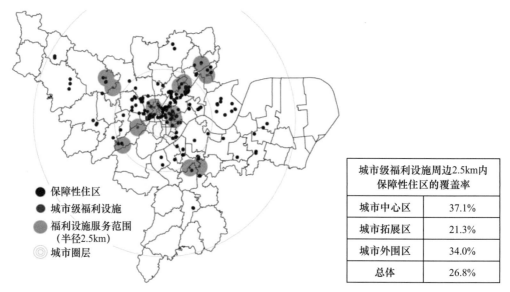

| 城市级福利设施周边2.5km内保障性住区的覆盖率 | |
| --- | --- |
| 城市中心区 | 37.1% |
| 城市拓展区 | 21.3% |
| 城市外围区 | 34.0% |
| 总体 | 26.8% |

图 6-11　城市级福利设施对保障性住区的服务辐射情况

从保障性住区与其最近的城市级福利设施最短距离的分布情况来看（图 6-12），虽然总体的平均距离有 4.7km，但城市中心区、扩展区、外围区的保障性住区与其最近的城市级福利设施的平均距离，几乎以 2 倍的距离逐区增加。可见城市级福利设施分布的不合理，处于城市扩展区以及外围区的保障性家庭不能很好地享受福利设施的服务。

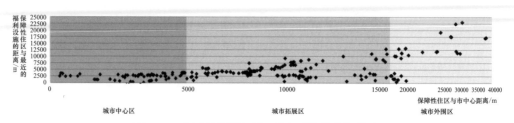

图 6-12　保障性住区与城市级福利设施最短距离

## 6.1.7 城市级行政设施供给分析

城市级行政设施包括区级以上行政服务中心和各类行政机关等。

从城市级行政设施对保障性住区的服务辐射情况来看，总体覆盖率为48.2%（图6-13）。位于城市中心区的保障性住区能够较好地享受城市级行政设施的服务，85.5%的保障性住区在城市级教育设施服务面积覆盖范围之内；在城市拓展区，37.0%的保障性住区（其中多数接近城市中心区）能够享受城市级行政设施的服务；而在城市边缘区，城市级行政设施服务面积覆盖范围之内的保障性住区数量为该圈层保障性住区数量的26.0%。城市级教育设施对于城市拓展区、城市外围区的保障性住区覆盖率很低，在这两个圈层中的大部分的保障房家庭享受不到城市级行政设施带来的便利服务。

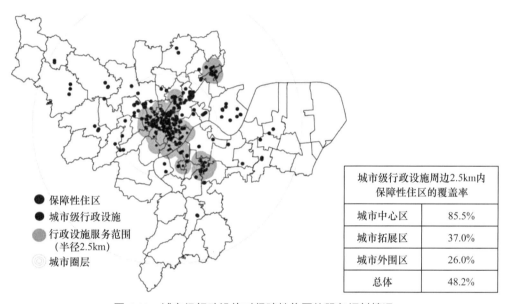

| 城市级行政设施周边2.5km内保障性住区的覆盖率 | |
| --- | --- |
| 城市中心区 | 85.5% |
| 城市拓展区 | 37.0% |
| 城市外围区 | 26.0% |
| 总体 | 48.2% |

图例：
● 保障性住区
● 城市级行政设施
● 行政设施服务范围（半径2.5km）
◎ 城市圈层

图 6-13 城市级行政设施对保障性住区的服务辐射情况

从保障性住区与其最近的城市级行政设施最短距离的分布情况来看（图6-14），虽然总体的平均距离有4.5km，但其在城市中心区、扩展区、外围区分布十分不平均。城市中心区的保障性住区与其最近的城市级行政设施的平均距离只有0.6km，而在城市扩展区就增加到3.4km，在城市外围区的平均距离甚至达到11km以上。由此可见，对于城市外围区的保障性住区来说，城市级行政设施的分布是十分不合理的。

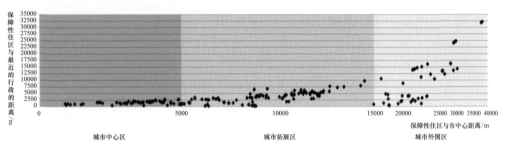

图 6-14　保障性住区与城市级行政设施最短距离

### 6.1.8　大运量公交设施供给分析

　　现状地铁站点分布如图 6-15 所示，包括已建设及规划站点。从地铁站点周边 1km 内对保障性住区的服务辐射情况来看，总体覆盖率为 59.9%。位于城市中心区的保障性住区能够较好地享受地铁带来的便利，高达 90.3% 的保障性住区在地铁站点服务范围之内；在城市拓展区，61.1% 的保障性住区（其中多数接近城市中心区）在地铁站点 1km 的服务范围之内；而在城市外围区，仅有 21.6% 的保障性住区处于地铁站点 1km 范围内，绝大部分住区不能对地铁带来的便利有良好的体验。地铁站点的分布对于城市外围区的保障性住区覆盖率极低，在这个圈层中近八成的保障房居民可能不会选择地铁出行，这既加重了道路交通负担，又加重了保障房家庭出行的经济压力。

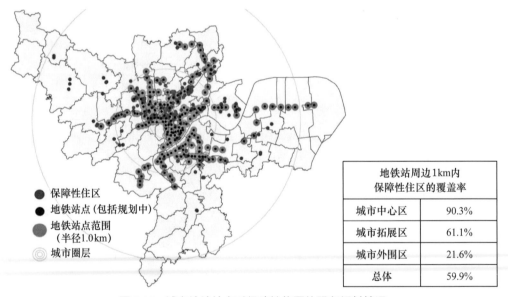

图 6-15　城市地铁站点对保障性住区的服务辐射情况

　　从保障性住区与其最近的地铁站的最短距离的分布情况来看，虽然总体的平均距离只有 1.7km，但无论处于城市中心区还是城市扩展区以及外围区的保障性住区，其距最近地铁站的平均距离都在 1km 以上，城市外围区的平均距离甚至超过 3km。

由此可见，地铁站的分布相对于保障性住区是十分不匹配的，这对保障房家庭的出行带来了诸多不便。

## 6.1.9　小结

（1）从各个圈层内的城市级公共服务设施对保障性住区的覆盖率看，三圈层总体覆盖率接近，城市拓展区覆盖率差别较大，体育、福利设施整体覆盖率较低。

在保障性住区空间区位选址上，73%的住区分区于城市边缘区、城市外围区，而城市级公共设施在空间配置上又是倾向于城市中心区，相对而言城市拓展区和城市外围区的保障性住区服务配套较弱，尤其是城市外围区（表6-1）。

各个圈层内的城市级公共服务设施对保障性住区的覆盖率　　表 6-1

| 设施圈层 | 城市中心区 | 城市拓展区 | 城市外围区 | 三圈层总体 |
|---|---|---|---|---|
| 教育设施 | 85.5% | 47.2% | 40.0% | 56.4% |
| 医疗设施 | 90.3% | 61.1% | 44.0% | 65.5% |
| 文化设施 | 85.5% | 48.1% | 36.0% | 55.9% |
| 体育设施 | 77.4% | 16.7% | 14.0% | 33.2% |
| 商业设施 | 80.6% | 31.5% | 24.0% | 43.6% |
| 福利设施 | 37.1% | 21.3% | 34.0% | 26.8% |
| 行政管理设施 | 85.5% | 37.0% | 26.0% | 48.2% |
| 交通设施 | 90.3% | 61.1% | 21.6% | 59.9% |

从图6-16可知，城市级公共服务设施对城市中心区的保障性住区覆盖率最高，除了福利设施之外，各类设施覆盖率都在80%左右。城市拓展区的教育、医疗、文化设施，地铁站对保障性住区的覆盖率约在50%；商业、行政设施偏低，在35%左右；而体育、福利设施过低，仅20%左右。而城市外围区的教育、医疗、文化、福利设施覆盖率在40%左右，体育、商业、行政设施和交通设施在20%左右。城市中心区的大部分保障性住区家庭能享受到城市级公共设施的服务，城市拓展区的保障性住区家庭只能基本满足生活需求，而城市外围区的保障性住区家庭生活成本过高，公共设施配套亟待改善。

（2）从城市各圈层保障性住区与各类设施的平均距离来分析，保障性住区距体育设施的距离最远，可达性最差，中心区和拓展区的保障性住区距各类设施较近，而外围区最远，该区各类设施距离都较远。

由图6-17可知，城市三圈层的保障性住区到最近地铁站点（2013年的杭州仅有1号线，其余均尚未建成）平均距离，城市中心区、拓展区均为1.3km，在人们可容忍的骑行范围内，但已超出可容忍步行范围；外围区是3km，人们需要公共汽车的换乘。城市三圈层的保障性住区到各类城市级公共服务的平均最短距离中，城市中心区除福利设施为 2.4km，基本在 1.5km 左右，在人们可容忍的骑行范围内，但已超出可容忍步行范围；拓展区除体育设施为 5.7km，其余均在 3km 左右，人们需要公共汽车换乘；三圈层平均值略高于拓展区；外围区的体育设施为 12km，行政设施为 11km，医疗设施为 6km，其余在 7~9km，均超过合理范围，需要公共交通换乘（表 6-2）。

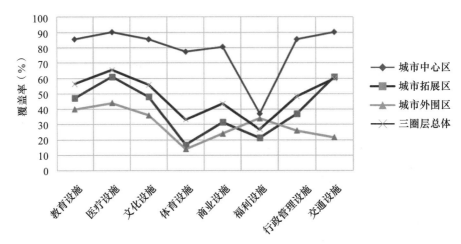

图 6-16　各个圈层内的城市级公共服务设施对保障性住区的覆盖率

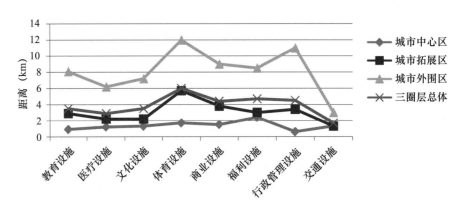

图 6-17　各个圈层内的保障性住区与其周边最近的城市级公共服务设施的距离（km）

各个圈层内的保障性住区与其周边最近的城市级公共服务设施的距离（km）　表 6-2

| 设施圈层 | 城市中心区 | 城市拓展区 | 城市外围区 | 三圈层总体 |
|---|---|---|---|---|
| 教育设施 | 0.9 | 2.9 | 8.1 | 3.5 |
| 医疗设施 | 1.2 | 2.2 | 6.2 | 2.9 |
| 文化设施 | 1.3 | 2.2 | 7.2 | 3.5 |
| 体育设施 | 1.7 | 5.7 | 12 | 6.0 |
| 商业设施 | 1.5 | 3.8 | 9 | 4.4 |

续表

| 设施圈层 | 城市中心区 | 城市拓展区 | 城市外围区 | 三圈层总体 |
|---|---|---|---|---|
| 福利设施 | 2.4 | 3.0 | 8.5 | 4.7 |
| 行政管理设施 | 0.6 | 3.4 | 11 | 4.5 |
| 交通设施 | 1.3 | 1.3 | 3 | 1.7 |

城市拓展区所占"雷达曲线"面积最小（图6-18），城市中心区第二，城市外围区最大。说明城市拓展区保障性住区能较好地享受到各类服务设施，城市中心区次之，城市外围区最差。

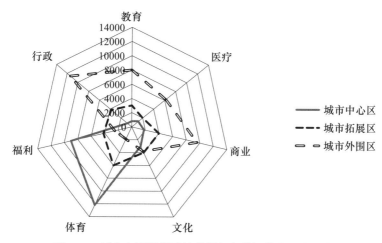

图6-18　城市各圈层保障性住区与各类设施的平均距离

综上所述，城市拓展区离市中心的距离较城市外围区近，交通成本比外围区低，离市中心有一定距离，避免最高的房价、物价，并且又能一定程度上享受到城市中心的各种公共品的服务。因此，具有一定服务设施基础的城市拓展区是保障性住区的最佳区位。

## 6.2　杭州市保障性住区居民对城市级公建服务的主观评价

### 6.2.1　居民对城市级医疗卫生设施的主观评价——首选大型医院，但可达性较低；满意度偏低

首选使用城市级医疗卫生设施的被访者占52%（图6-19），比首选使用街道（镇）级和社区级的医疗设施的被访者多。居民选择城市级医疗卫生设施的理由是：城市级医疗卫生设施拥有更好的医疗水平和硬件设施，以及更优秀的医疗人员和先进的医疗技术。即使有52%的被访者首选使用城市级医疗卫生设施，仍有31%的被访者只是偶尔使用城市级医疗设施，更有17%的被访者基本不使用城市级医疗

设施，这些被访者由于通行距离和通行成本的原因，无法享受到城市级医疗设施的服务。通过分析可得，在区位方面，城市级医疗卫生设施基本上集中分布于城市中心区，而保障性住区由于其特殊的性质，主要分布于城市边缘区和外围区，住区的居民到城市级医疗卫生设施的可达性较低，使用不便。可见，保障性住区居民到城市级医疗设施的通行距离亟待缩短。

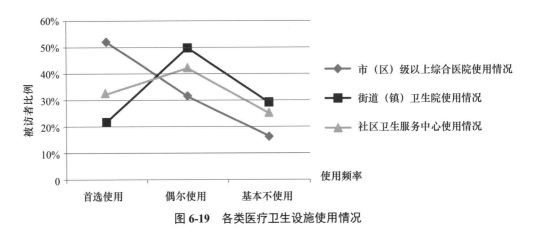

图 6-19　各类医疗卫生设施使用情况

认为城市级医疗设施到家的距离很近、很方便，比较近、还算方便的被访者比例比街道（镇）级、社区级的医疗设施的比例都要低，而认为城市级医疗设施到家的距离很远、很不方便，有点远、不方便的被访者比例却比街道（镇）级、社区级的医疗设施的比例都要高（图 6-20）。这反映出绝大多数保障性住区居民对城市级医疗设施的可达性较街道（镇）级、社区级的医疗设施的可达性要低，亟待提高。

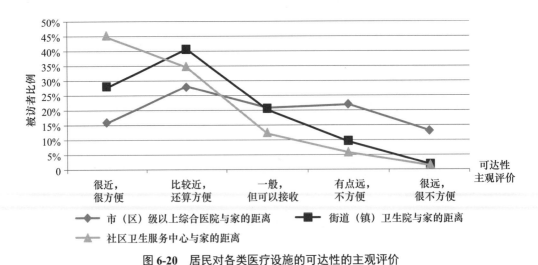

图 6-20　居民对各类医疗设施的可达性的主观评价

9% 的被访者认为社区周边的医疗设施数量充足，10% 的被访者表示不清楚，30% 被访者认为数量不够，51% 的被访者觉得数量一般（图 6-21）。从数量上来说，保障性住区居民对医疗设施的满意度偏低。

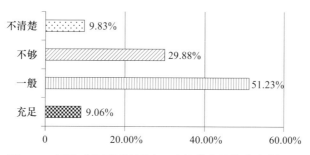

图 6-21　居民对社区周边医疗卫生设施数量的满意度评价

综合分析可知，保障性住区居民对于城市级医疗卫生设施的满意度较一般，即使城市级医疗卫生设施拥有更好的条件与医疗水平，但是其在空间上与保障性住区有很大的偏离，直接导致了大型的医疗卫生设施对保障性住区服务的支持程度不够。居民选择医疗卫生设施的理由不单单局限于设施本身的水平，其可达性与方便度也是重要考虑因素。

## 6.2.2　居民对城市级教育设施的主观评价——教育质量为主导，距离其次；整体满意度偏低

城市级教育设施包括高中、初中。被访者多数孩子是小学生或幼儿，有部分是初中生和高中生的，高中生数量占 16%（图 6-22）。只有 9% 的被访者认为所在区域的高中数量充足，43% 的被访者认为所在区域的高中数量一般，41% 的被访者认为所在区域的高中数量不够，16% 表示不清楚（图 6-23）。可见从数量上来说，保障性住区居民对所在区域的教育设施满意度较低。5% 的被访问者对所在区域的高中整体感觉非常满意，31% 的被访问者认为所在区域的高中整体感觉基本满意，52% 的被访问者认为所在区域的高中整体感觉一般，12% 的被访问者对所在区域的高中整体感觉不满意（图 6-24）。可见，保障性住区居民对所在区域的高中整体感觉基本满意。

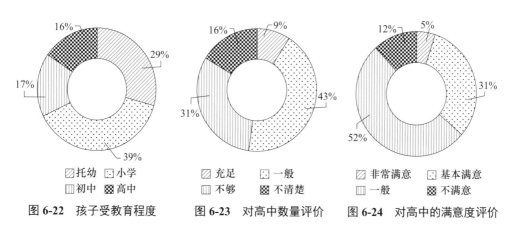

图 6-22　孩子受教育程度　　　图 6-23　对高中数量评价　　　图 6-24　对高中的满意度评价

保障性住区居民对高中的满意与否的首要原因占比最高的都是师资力量、教学质量，证明教育设施的教育质量对居民来说是最重要的；而满意与否的首要原因占比其次的是距家远近，因此在保证教育质量的前提下，空间距离的远近是居民对教育设施满意度高低的主要决定因素；居民对高中的满意与否的首要原因占比排序第三的便是教育设施的分布是否合理、数量是否充足；建筑与教学设施等硬件环境好差、收费高低占比最低（图6-25～图6-27）。

高中多集中分布在市中心，且越接近市中心其教学质量越好，居民对于高中的师资力量是十分注重的，高中不仅在距离上比较远，在师资上也是相对比较弱的，设备也不是很先进。可见，城市级教育设施在保障性住区的配置规模是不足的。

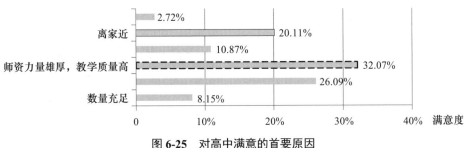

图 6-25　对高中满意的首要原因

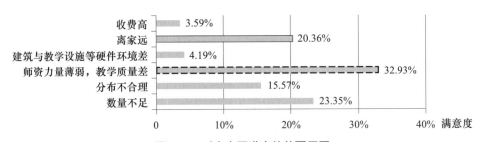

图 6-26　对高中不满意的首要原因

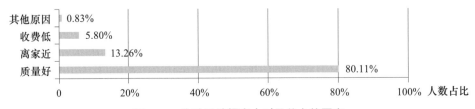

图 6-27　为孩子选择高中时最关心的因素

### 6.2.3　居民对城市级文化设施的主观评价——设施数量偏少、可达性不高

保障性住区所在区域的城市级文化设施的配置相当紧缺。保障性住区内的各类城市级文化设施均不超过30%，设置图书馆、电影院服务的保障性住区不到20%，设置青少年宫、青少年活动中心和市（区）级公园服务的保障性住区只有10%左右，设置剧院、科技馆、博物馆的保障性住区甚至不到5%（图6-28）。

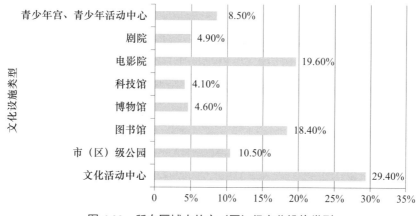

图 6-28　所在区域内的市（区）级文化设施类型

居民使用城市级文化设施频率不高（图 6-29）。根据问卷上的问题可总结出以下原因：

（1）文化设施的种类大多是静态设施，科技馆、博物馆、青少年宫、青少年活动中心等青少年儿童适用的文化设施较少。

（2）城市级文化设施的可达性方面，有近一半的被访者认为设施离家较远（图 6-30）。文化设施的可达性不是很高，1/3 以上的居民离文化设施在 2km 以上，花费时间是 40min 以上。而居民的可接受程度显然没有这么高，46% 的人可接受的时间为步行 10～20min 或骑自行车 5～10min（图 6-31），距离大约为 1000～2000m。

保障性住区居民对于城市级文化设施大部分是基本满意与感觉一般，占了 80%（图 6-32），有约 8.3% 的不满意情况。而不满意的主要原因在于文化设施的数量较少（图 6-33）。相比较现有的文化设施，居民根据现有文化设施的数量以及各自的需求较为期望增加文化设施（图 6-34），主要期望增加能够满足不同人群需求的文化活动中心。

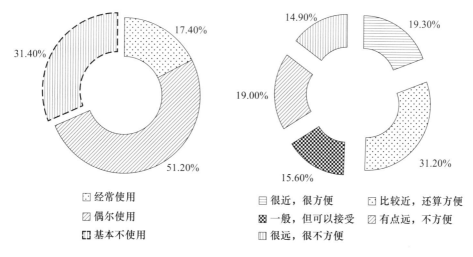

图 6-29　城市级文化设施使用频率　　图 6-30　居民对城市级文化设施可达性的主观评价

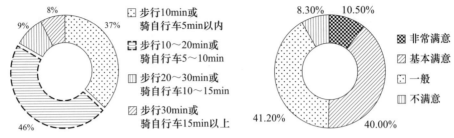

图 6-31　对城市级文化设施的可容忍出行时间　　图 6-32　对城市级文化设施的满意度评价

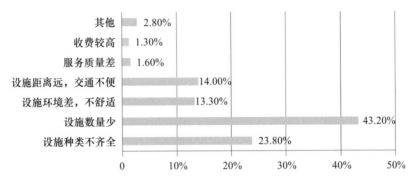

图 6-33　对城市级文化设施不满意的首要原因

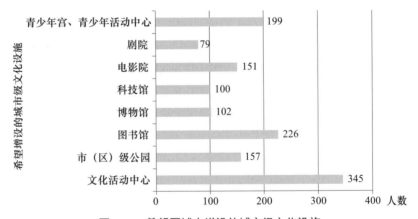

图 6-34　希望区域内增设的城市级文化设施

综合分析可知，保障性住区所在区域的城市级文化设施的主要问题是设施的种类以及数量的匮乏，其次是距离偏远，由于保障性住区都是中低收入群体，因此居民交通出行方式相对比较低级，所花的时间比较多，可见文化设施与居住地的远近是十分重要的。对于城市级文化设施的未来规划，除了应注重设施数量与种类之外，也应适当考虑设施选址与保障性住区的关系。

### 6.2.4　居民对城市级体育设施的主观评价——设施数量种类少、居民满意度不高

城市级体育设施对保障性住区的覆盖率相当低。设置体育馆、游泳馆的保障性

住区只有 21%，设置篮球馆、羽毛球馆、网球馆的保障性住区比例相当低，甚至有 36% 被访者根本不清楚区域内的城市级体育设施（图 6-35）。

"经常使用"城市级体育设施的居民占 13%，"偶尔使用"城市级体育设施的居民占 50%，但有 37% 的居民选择"基本不使用"（图 6-36）。认为设施离家"很近，很方便"的居民占 17%，认为"比较近，还算方便"的居民占 25%，综合来看，超过 63% 的居民觉得城市级体育设施离家的距离还是可以接受的，保障性住区所在区域的城市级体育设施可达性较高（图 6-37）。

城市级体育设施质量仍有较大提升空间。居民对于城市级体育设施的满意度较高，但多是"一般"和"基本满意"，"非常满意"的却不是很多（图 6-38）。城市级体育设施质量仍有较大提升空间。

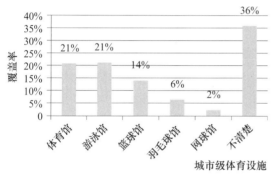

图 6-35　所在区域的城市级体育设施种类

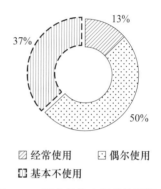

图 6-36　城市级体育设施使用频率

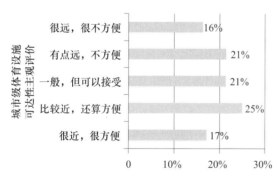

图 6-37　居民对城市级体育设施可达性的主观评价

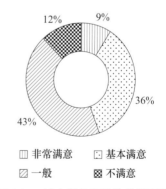

图 6-38　城市级体育设施的满意度

综上所述，居民对健身方式的追求更趋多元化，要求也更高，人们要求花费更少的时间来达到更高的锻炼效果。而调研期间的城市级体育设施相对保障性住区居民来说可达性较高，但设施覆盖率不高。在不满意的首要因素中，数量不足和种类不够是主导原因（图 6-39），可供居民选择的城市级体育设施太少。

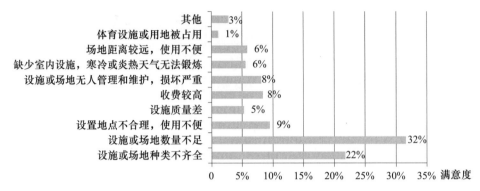

图 6-39　居民对城市级体育设施不满意的首要原因

### 6.2.5　居民对城市级商业设施的主观评价——使用频繁；设施可达性高，但数量少

保障性住区居民对城市级商业设施的使用频率较高，经常使用达41%，偶尔使用达50%，仅9%的居民基本不使用（图6-40）。居民认为城市级商业设施可达性也较高，74%认为在可接受范围之内，但仍有10%认为很远，很不方便（图6-41）。居民对于城市级商业设施的整体情况相对满意（图6-42），仅6%不满意。而不满意的首要原因在于设施数量少（图6-43）。

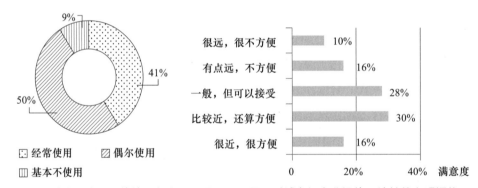

图 6-40　城市级商业设施使用频率　　图 6-41　居民对城市级商业设施可达性的主观评价

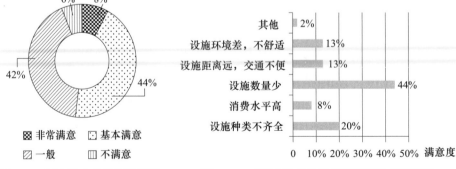

图 6-42　城市级商业设施满意度　　图 6-43　对城市级商业设施不满意的首要原因

### 6.2.6　居民对城市级行政设施的主观评价——需求少，通行成本可容忍度高

行政设施的可达性较高，有 81% 的居民认为行政设施与家的距离在可接受范围之内（图 6-44），所花费的时间 40min 以下的占 83%（图 6-45）。因为行政设施的使用频率不高，所以人们对其的可忍受范围较大，有一半以上的居民可以接受步行 10～20min 或骑自行车 5～10min（图 6-44）。认为数量不够的占 26%。认为数量充足的仅 9%，有 75% 认为一般或不清楚（图 6-46），就数量而言，居民对城市级行政设施满意度不高，需求偏低。

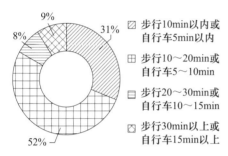

图 6-44　城市级行政设施可接受通行时间　　图 6-45　城市级行政设施可容忍通行时间

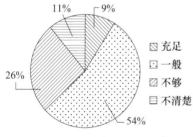
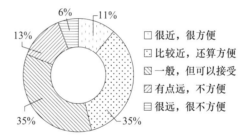

图 6-46　区域内城市级行政设施数量　　图 6-47　城市级行政设施可达性评价

综上可得，保障性住区居民对行政设施的总体需求度不高，在出行时间、离家距离、数量等方面没有太高的要求（图 6-47）。因此，对行政设施各方面可容忍的程度相对其他设施而言更高。

### 6.2.7　小结

对于城市级医疗设施，保障性住区居民认为设施可达性偏低，设施数量一般，但普遍首选使用，整体满意度较高，因为其对城市级医疗设施的服务质量最为关心；

对于城市级交通设施，居民日常出行使用频率非常高，对公共交通站点数量较满意，但整体满意度偏低，原因在于对公交线路的满意度低，可能由于公交线路数量不够；

对于城市级教育设施，居民最关心的是教育质量，对于设施可达性、设施数

量、整体情况的满意度都是一般；

对于城市级文化、体育设施，居民的使用频率都偏低，主要原因是设施数量不够，导致居民的选择太少；

对于城市级商业设施，居民的日常使用频率较高，可达性也较好，但由于设施数量不够，导致整体满意度偏低；

对于城市级行政管理设施，居民的使用频率不高，需求也低，他们认为设施可达性较低，设施数量不够，整体满意度不高（表 6-3）。

居民对城市级公共服务设施的主观评价表　　　　　表 6-3

| 城市级公共设施<br>（按居民关心和需要程度排序） | 使用频率 | 最关心的因素 | 设施主观可达性 | 设施数量主观评价 | 整体满意度 |
|---|---|---|---|---|---|
| 城市级医疗卫生设施 | 高 | 服务质量 | 偏远 | 一般 | 较满意 |
| 城市级交通设施 | 高 | 公交线路 | 比较方便 | 较满意 | 偏低 |
| 城市级教育设施 | 高 | 教育质量 | 一般，可以接受 | 一般 | 基本满意 |
| 城市级文化设施 | 偏低 | 设施数量 | 一般，可以接受 | 不够 | 基本满意 |
| 城市级体育设施 | 偏低 | 设施数量 | 比较方便 | 一般 | 偏低 |
| 城市级商业设施 | 高 | 设施数量 | 比较方便 | 不够 | 偏低 |
| 城市级行政管理设施 | 低 | 出行时间 | 较低 | 不够 | 一般 |

## 6.3　杭州市保障性住区空间分布绩效评价

### 6.3.1　杭州市保障性住区公共服务设施绩效的主客观对比评价

本书 6.1 节是立足客观视角，对"十二五"期间的杭州保障性住区与城市级服务设施的区位关系分析，包括各类城市级公共服务设施对保障性住区的服务辐射情况（下文的绩效评估中以设施覆盖率的数值来代表辐射情况）、保障性住区与城市级教育设施最短距离（以往的绩效评估中采用的是所有保障性住区与该类设施最短距离的均值）；6.2 节是基于居民主观视角，对"十二五"期间的杭州保障性住区居民对城市级公共服务设施的评价，包括保障性住区居民对各类城市级公共服务设施的使用频率、数量满意度（对设施数量是否充足的评价）、主观可达性（主观上对从家到各类设施的通达性的评价）、整体服务水平满意度、满意或不满意的首要因素等信息。本小节将对主客观现象进行交叉对比分析。

（1）设施客观覆盖率与居民主观关心程度基本一致，商业、行政设施较特殊（商业设施属于营利性设施，市场的影响因素大；行政设施与居民生活相关性较低）。

根据表6-4，居民对城市级公共服务设施的关心和需求程度的排序，与城市级公共服务设施对保障性住区的覆盖率对比，医疗、交通、教育、文化、体育五类设施的两项排序是一致的，而商业、行政管理设施的覆盖率高于体育设施（低于文化设施）的，但居民对城市级公共服务设施的关心和需求程度的排序位于第六、第七。主要原因在于行政管理设施在居民日常生活中的使用频率较低，居民对其关心和需求程度也较低。而商业设施属于营利性设施，带有极强的市场、经济、地价因素，居民对其关心和需求程度较低。

（2）医疗设施客观覆盖率高，但较多位于城市中心区，对大多数保障性住区居民而言，主观可达性较低，但居民对城市级医疗设施的设备、技术的满意度较高，这也是居民在医疗方面最关心的因素，因此服务水平整体满意度还是较高的。

医疗设施方面，仅65.5%的覆盖率已是所有设施中最高的，其居民满意度也较高，但主观可达性偏低，究其原因，交通因素占主导。47%的居民看病就医可容忍出行时间是步行10min或骑自行车5min以内，然而现实生活中43.5%的居民出行方式是公交车或出租车，只有9%的居民选择步行、6%的居民选择自行车可以到达，40%的居民需要近40min才能到达，有40%的居民需要40min以上才能到达。并且65.5%的总体覆盖率中，城市中心区的覆盖率是90.3%，外围区仅44%，大部分城市级医疗卫生设施都布局在交通拥挤的城市中心区，路面交通不顺畅，导致医疗设施可达性低下。

（3）居民对公交、地铁的站点布局满意度较高，对其线路设计、使用过程满意度偏低，导致对交通设施服务水平整体满意度偏低。

交通设施方面，居民对其服务水平整体满意度是偏低的，虽然地铁站设施覆盖近60%，但研究计算的是规划后预计建成的所有地铁线路与站点，而调研期间杭州市仅有1号线一条线路。由于线路较少，所以对于整个城市的通达性来说，并未形成完善的城市轨道交通系统。居民关心和需要的程度排第二，对公交、地铁站点的使用频率较高。单从站点的可达性来说，居民认为比较方便，对社区周边公交、地铁站点数量满意度也较高，但是对于公交、地铁的线路是有一些意见的。保障性住区多数位于城市拓展区、外围区，并且对于2013年前后的杭州市，其轨道交通不完善，路面公交较为拥堵（尤其是到市中心的公交）。因此，整体而言，居民对公交、地铁的站点布局满意度较高，对其线路设计满意度偏低，对使用过程（等车设施、站牌、发车间隔、上下车、拥挤程度等）的满意度偏低，导致居民对服务水平整体满意度偏低。

（4）教育设施客观覆盖率较高，但优质教育资源大多集中在城市中心，由于人们在教育设施方面最关心的便是教育质量和水平，高中、初中并不像小学、幼托需要每天出行，因此居民对城市级教育设施的各类评价都为一般。

教育设施方面，尽管有56%的覆盖率，但是人们的满意度还是偏低。除最关心的教育质量问题外，就其空间因素来看，主要原因在于距离远、分布不合理。对于保障性住区居民来说，教育设施的可达性偏低、空间流动成本过高。其城市中心区的教育设施覆盖率为 85.5%，而城市拓展区和外围区教育设施覆盖率约为 40%，即教育资源大多集中在城市中心区，与保障性住区主要分布区域相背离。保障性住区家庭孩子面临着跨学区就学问题，再加上交通设施通达度低，使保障性住区住户孩子上学的空间流动成本增加，也就加重了保障性住区家庭的教育成本，变相地加重了其生活经济负担。另外，有些保障性住区家庭迫于经济压力，只能选择附近教育质量较低的学校，更加降低了他们对于教育设施的满意程度。

（5）文化设施方面，主客观较为匹配，但设施客观覆盖率不高，居民主观数量满意度较低；由于教育背景、经济情况等因素，保障性居民对文化设施使用频率较低。

文化设施方面，公共服务设施覆盖率为 55.9%，排在所有公共设施第四位，居民关心和需要的程度排第四。同时它的使用频率偏低，居民对设施数量的评价也是不够。从原因来看，有以下几点：① 有许多的保障性住区位于城市拓展区和外围区，不在城市级文化设施的服务范围内，因而许多的保障性住区家庭无法享受到文化设施的服务；② 保障性住区居民生活水平相对来说偏低，对于这些家庭来说，第一要务是解决物质生活上的需求，其次才是精神上的。因而他们自然首先关注与物质生活密切相关的医疗、交通等设施，使得其对文化设施关心和需要的程度较低。

（6）体育设施主客观较为匹配，客观覆盖率低，居民认为设施数量、类别不够；居民使用大型体育设施的频率低，对其服务水平满意度偏低，主要是由于距离和费用。居民较多选择城市道路、周边公园、城市广场作为"运动场地"。

体育设施方面，33.2% 的覆盖率在所有设施中最低，排名第七，其居民满意度偏低，但主观可达性较好。研究发现，造成覆盖率低而可达性较好的原因是，社区周边缺乏大型城市级体育设施，极大部分居民会选择城市道路、周边公园、城市广场作为"运动场地"，主观地将其认为是"城市级体育设施"。整体上 12% 的居民对体育设施不满意，其中，"设施或场地数量不足"与"设施或场地种类不齐全"为造成居民不满意的两大最普遍原因，分别各占 32% 与 22%。此外，居民对体育设施的关心与需要程度在所有七大设施中排名第六，仅在行政管理设施之上。可见，体育设施在居民日常生活中的使用频率很低，可以说还达不到生活必需品的程度。因此，城市管理者应加强体育设施的数量、种类和布局的合理性，引导居民积极参加体育锻炼。

（7）商业设施方面，由于主客观匹配度不高，客观覆盖率高，因此主观数量评价低。其大型商业设施的分布与市场、地价因素高度相关，此类地段公共交通相对发达，居民主观可达性较高。

商业设施方面的调查结果显示，客观层面上该类设施的覆盖率仅为 43.6%，且居民对它的关心和需要程度非常低。然而从居民的主观视角出发，设施的主观可达

## 2. "4E"指标分项统计方法

指标体系共 10 项指标，每项指标最高分 10 分，总分为 100 分（表6-6）。

**各类城市公共服务设施权重值**　表 6-6

| 类别 | 医疗卫生设施 | 教育设施 | 文化设施 | 体育设施 | 商业设施 | 行政管理设施 | 交通设施 |
|---|---|---|---|---|---|---|---|
| 权重值 | 0.29 | 0.16 | 0.14 | 0.10 | 0.08 | 0.05 | 0.18 |

（1）住房成本这一指标，购房总价为 0～50 万元的、月租金为 100～300 元的得 10 分，购房总价为 50 万～100 万元的、月租金为 300～500 元的得 7.5 分，购房总价为 100 万～150 万元的、月租金 500～800 元的得 5 分，购房总价为 150 万元以上的、月租金为 800 元以上的得 2.5 分。

（2）上下班通勤时间（单程）。通勤时间为 15min 以内的得 10 分，15～40min 的得 7.5 分，40～60min 的得 5 分，60min 以上的得 2.5 分。

（3）孩子或本人上下学通勤时间（单程）。通勤时间为 15min 以内的得 10 分，15～40min 的得 7.5 分，40～60min 的得 5 分，60min 以上的得 2.5 分。

（4）到各类设施的通行时间。首先，通行时间为 15min 以内的得 10 分，15～40min 的得 7.5 分，40～60min 的得 5 分，60min 以上的得 2.5 分；其次根据问卷中居民最关心和最需要的设施的百分比，计算每项设施的权重，根据每项设施的得分与其权重，计算"到各类设施的通行时间"这一指标得分。

（5）设施主观可达性。"很近、很方便"的得 10 分，"比较近，还算方便"的得 7.5 分，"一般，但可以接受"的得 5 分，"有点远，不方便"的得 2.5 分，"很远，很不方便"的得 0 分。再根据问卷中居民最关心和最需要的设施的百分比，计算每项设施的权重，根据每项设施的得分与其权重，计算"设施主观可达性"这一指标得分。

（6）设施数量主观评价。充足得 10 分，一般得 5 分，不清楚得 2.5 分，不够得 0 分。再根据问卷中居民最关心和最需要的设施的百分比，计算每项设施的权重，根据每项设施的得分与其权重，计算"设施数量主观评价"这一指标得分。

（7）设施服务水平整体满意度。非常满意得 10 分，基本满意得 7.5 分，一般得 5 分，不清楚得 2.5 分，不满意得 0 分；其中交通设施满意度中公交站点、发车间隔、公交线路的权重为 0.33。再根据问卷中居民最关心和最需要的设施的百分比，计算每项设施的权重，根据每项设施的得分与其权重，计算"设施服务水平整体满意度"这一指标得分。

（8）选址（住区到市中心距离）。与市中心距离在 5km 之内（即位于城市中心圈层）的得 10 分，与市中心距离在 5～15km（即位于城市拓展圈层）的得 5 分，与市中心距离在 15km 之外（即位于城市外围圈层）的得 2.5 分。

（9）设施服务覆盖率。以本书 6.1 节"杭州保障性住区与城市级服务设施的空间关系分析"为根据，覆盖率 100% 的得 10 分，50% 的得 5 分。再根据问卷中居民最关心和最需要的设施的百分比，计算每项设施的权重，根据每项设施的得分与其权重，计算"设施服务覆盖率"这一指标得分。

（10）到各类设施平均最短距离。以本书 6.1 节"杭州保障性住区与城市级服务设施的空间关系分析"为根据，到设施最短距离为 2.5km 之内的得 10 分，2.5～3.5km 的得 7.5 分，3.5～4.5km 的得 5 分，4.5～5.5km 的得 2.5 分，5.5km 之外的得 0 分。

### 3. "4E"指标评价统计结果

（1）从不同维度分析，如表 6-7 所示，杭州市三个圈层总体保障性住区的选址绩效评价结果在四个维度上的分布差异不大，在经济、效率层面分别为 7.3 分、7.4分，在效益、公平层面均是 5.9 分。杭州市三个圈层总体保障性住区的选址在保障性住区居民的生活成本、出行效率层面的绩效得分较高，而在各类公共服务设施的使用效益、公平性上的绩效得分较低（图 6-49）。

"4E"指标评价在三个圈层的结果分析 表 6-7

| "4E"指标 | 城市中心圈层 | | 城市拓展圈层 | | 城市外围圈层 | | 三个圈层总体 | |
|---|---|---|---|---|---|---|---|---|
| 经济（Economy） | 平均 | 6.0 | 平均 | 7.1 | 平均 | 7.6 | 平均 | 7.3 |
| | 总分 | 6.0 | 总分 | 7.1 | 总分 | 7.6 | 总分 | 20.7 |
| | 低 | | 中 | | 高 | | — | |
| 效率（Efficiency） | 平均 | 7.0 | 平均 | 7.6 | 平均 | 6.6 | 平均 | 7.4 |
| | 总分 | 21.1 | 总分 | 22.9 | 总分 | 19.9 | 总分 | 22.3 |
| | 中 | | 高 | | 低 | | — | |
| 效益（Effectiveness） | 平均 | 5.9 | 平均 | 6.9 | 平均 | 5.4 | 平均 | 5.9 |
| | 总分 | 17.8 | 总分 | 20.7 | 总分 | 16.1 | 总分 | 17.8 |
| | 中 | | 高 | | 低 | | — | |
| 公平（Equity） | 平均 | 9.5 | 平均 | 5.9 | 平均 | 2.4 | 平均 | 5.9 |
| | 总分 | 28.6 | 总分 | 17.6 | 总分 | 7.1 | 总分 | 17.8 |
| | 高 | | 中 | | 低 | | — | |
| 总和 | 73.5 | | 68.3 | | 49.5 | | 65.2 | |
| | 高 | | 中 | | 低 | | — | |
| 每个维度的标准差 | 1.68 | | 0.71 | | 2.25 | | 0.84 | |
| | 中 | | 低 | | 高 | | — | |

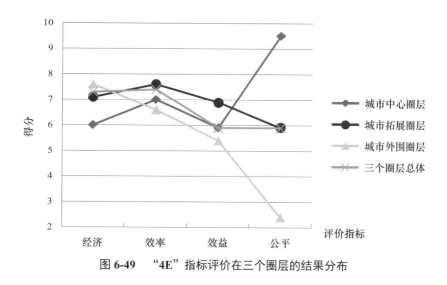

图 6-49    "4E" 指标评价在三个圈层的结果分布

在经济维度上，绩效得分由高到低分别是城市外围区（7.6）、三个圈层总体（7.3）、城市拓展区（7.1）、城市中心区（6.0），由此可得，保障性住区的住房成本从中心区向外呈下降趋势，城市外围区住房成本最低。

在效率维度上，绩效得分由高到低分别是城市拓展区（7.6）、三个圈层总体（7.4）、城市中心区（7.0）、城市外围区（6.6），在保障性住区居民出行效率层面，城市拓展区的居民出行效率高于其他两个圈层，中心区略高于外围区。

在效益维度上，绩效得分由高到低分别是城市拓展区（6.9）、三个圈层总体（5.9）、城市中心区（5.9）、城市外围区（5.4），保障性住区居民使用各类公共服务设施的使用效益最高的是城市拓展区，外围区略低于中心区。

在公平维度上，绩效得分由高到低分别是城市中心区（9.5）、城市拓展区（5.9）、三个圈层总体（5.9）、城市中心区（2.4），这与经济维度的绩效得分排序正好相反，在保障性住区选址公平性上从中心区向外呈下降趋势，城市外围区的公平性最低，这与保障性住区与市中心的距离呈正相关。

（2）从不同圈层分析，"4E" 指标评价在三个圈层的结果分布很不均衡，城市中心区的总分高于城市拓展区，高于三个圈层的平均水平，城市边缘区的分数最低。在公平（选址／住区到市中心距离、设施服务覆盖率、到各类设施平均最短距离）这一层面上，城市中心区得分远远高于其他两个圈层，拓展区高于外围区；在经济、效益、效率三个层面，中心区和外围区相互交织，相差不多，而拓展区得分相对这两个圈层来说要较高（表6-7～表6-11）；城市中心区在公平层面是占优势的，但在经济、效益、效率三个层面是占劣势的。因此，城市拓展区较其他两个圈层更适合保障性住区的选址。

**基于"4E"指标的杭州市保障性住区空间分布绩效评价表**　　表 6-8

| "4E"指标 | | 经济<br>（Economy） | 效率<br>（Efficiency） | 效益<br>（Effectiveness） | 公平<br>（Equity） |
|---|---|---|---|---|---|
| 指标<br>1 | 指标内容 | 住房成本（购／租金额） | 上下班通勤时间（单程） | 设施主观可达性 | 选址（住区到市中心距离） |
| | 数据来源 | 居民问卷调查 | 居民问卷调查 | 居民问卷调查 | GIS 空间分析 |
| | 得分 | 7.3 | 7.3 | 6.1 | 5.8 |
| 指标<br>2 | 指标内容 | — | （孩子或本人）上下学通勤时间（单程） | 设施数量主观评价 | 设施服务覆盖率 |
| | 数据来源 | — | 居民问卷调查 | 居民问卷调查 | GIS 空间分析 |
| | 得分 | — | 8.0 | 5.4 | 5.6 |
| 指标<br>3 | 指标内容 | — | 到各类设施的通行时间 | 设施服务水平整体满意度 | 到各类设施平均最短距离 |
| | 数据来源 | — | 居民问卷调查 | 居民问卷调查 | GIS 空间分析 |
| | 得分 | — | 7.0 | 6.3 | 6.4 |
| 总分 | | 65.2 | | | |

**基于"4E"指标的城市中心区保障性住区空间分布绩效评价表**　　表 6-9

| "4E"指标 | | 经济<br>（Economy） | 效率<br>（Efficiency） | 效益<br>（Effectiveness） | 公平<br>（Equity） |
|---|---|---|---|---|---|
| 指标<br>1 | 指标内容 | 住房成本（购／租金额） | 上下班通勤时间（单程） | 设施主观可达性 | 选址（住区到市中心距离） |
| | 数据来源 | 居民问卷调查 | 居民问卷调查 | 居民问卷调查 | GIS 空间分析 |
| | 得分 | 6.0 | 6.7 | 6.3 | 10 |
| 指标<br>2 | 指标内容 | — | （孩子或本人）上下学通勤时间（单程） | 设施数量主观评价 | 设施服务覆盖率 |
| | 数据来源 | — | 居民问卷调查 | 居民问卷调查 | GIS 空间分析 |
| | 得分 | — | 7.2 | 5.7 | 8.6 |
| 指标<br>3 | 指标内容 | — | 到各类设施的通行时间 | 设施服务水平整体满意度 | 到各类设施平均最短距离 |
| | 数据来源 | — | 居民问卷调查 | 居民问卷调查 | GIS 空间分析 |
| | 得分 | — | 7.2 | 5.8 | 10 |
| 总分 | | 73.5 | | | |

基于"4E"指标的城市拓展区保障性住区空间分布绩效评价表　表 6-10

| "4E"指标 | | 经济<br>（Economy） | 效率<br>（Efficiency） | 效益<br>（Effectiveness） | 公平<br>（Equity） |
|---|---|---|---|---|---|
| 指标<br>1 | 指标内容 | 住房成本（购／租金额） | 上下班通勤时间（单程） | 设施主观可达性 | 选址（住区到市中心距离） |
| | 数据来源 | 居民问卷调查 | 居民问卷调查 | 居民问卷调查 | GIS 空间分析 |
| | 得分 | 7.1 | 7.4 | 7.3 | 5 |
| 指标<br>2 | 指标内容 | — | （孩子或本人）上下学通勤时间（单程） | 设施数量主观评价 | 设施服务覆盖率 |
| | 数据来源 | — | 居民问卷调查 | 居民问卷调查 | GIS 空间分析 |
| | 得分 | — | 8.2 | 6.2 | 4.6 |
| 指标<br>3 | 指标内容 | — | 到各类设施的通行时间 | 设施服务水平整体满意度 | 到各类设施平均最短距离 |
| | 数据来源 | — | 居民问卷调查 | 居民问卷调查 | GIS 空间分析 |
| | 得分 | — | 7.3 | 7.2 | 8.0 |
| 总分 | | 68.3 | | | |

基于"4E"指标的城市外围区保障性住区空间分布绩效评价表　表 6-11

| "4E"指标 | | 经济<br>（Economy） | 效率<br>（Efficiency） | 效益<br>（Effectiveness） | 公平<br>（Equity） |
|---|---|---|---|---|---|
| 指标<br>1 | 指标内容 | 住房成本（购／租金额） | 上下班通勤时间（单程） | 设施主观可达性 | 选址（住区到市中心距离） |
| | 数据来源 | 居民问卷调查 | 居民问卷调查 | 居民问卷调查 | GIS 空间分析 |
| | 得分 | 6.4 | 6.9 | 5.5 | 2.5 |
| 指标<br>2 | 指标内容 | — | （孩子或本人）上下学通勤时间（单程） | 设施数量主观评价 | 设施服务覆盖率 |
| | 数据来源 | — | 居民问卷调查 | 居民问卷调查 | GIS 空间分析 |
| | 得分 | — | 6.8 | 5.0 | 3.3 |
| 指标<br>3 | 指标内容 | — | 到各类设施的通行时间 | 设施服务水平整体满意度 | 到各类设施平均最短距离 |
| | 数据来源 | — | 居民问卷调查 | 居民问卷调查 | GIS 空间分析 |
| | 得分 | — | 6.2 | 5.6 | 1.3 |
| 总分 | | 49.5 | | | |

### 6.3.3 小结

经过主客观的对比分析和"4E"指标绩效评价，总结出城市级公共设施对于保障性住区需求的短板，以及针对保障性住区，城市级公共设施今后规划、配建的优化方向，具体见表6-12。

城市级公共设施针对保障性住区来说今后规划、配建的改进方向    表 6-12

| 城市级公共设施 | 对于保障性住区最大的缺陷 | 今后规划、配建的改进方向 |
|---|---|---|
| 医疗 | 主观可达性偏低 | 一方面，缩短保障性住区与城市级医疗设施之间的空间距离，使医疗设施的配建更偏向于保障性住区；另一方面，快速公交、轨道交通站点的规划更接近城市级医疗设施，降低保障性居民的出行成本 |
| 交通 | 服务水平整体满意度低 | 优化公共汽车、轨道交通的线路设计，使其站点更接近保障性住区以及各类公益性城市级服务设施（如教育、医疗、文化、体育等） |
| 教育 | 主观可达性不高 | 城市级教育设施的配建更偏向于保障性住区，快速公交、轨道交通站点的规划更接近教育设施，降低保障性住区学生上学的通勤成本 |
| 文化 | 主观数量不足 | 在保障性住区周边增加城市级文化设施的数量，并且丰富设施类别 |
| 体育 | 客观覆盖率低 | 在保障性住区周边增加城市级体育设施的数量，并且丰富设施类别 |
| 商业 | 主观数量不足 | 在保障性住区较为集中的区域增设大型商业设施 |
| 行政管理 | 主观可达性偏低 | 在保障性住区较为集中的区域适当增设行政管理中心，在保障性住区周边增设行政管理办事处，使行政设施更加亲民、便民 |

# 第7章 微观层面的保障性住区服务设施供需评估

## 7.1 案例选取及选取理由

本书中典型社区的选择主要考虑保障性住区本身主体的动态变化性，因此主要选择2010年前后建成和入住的社区作为案例进行剖析，以保证保障性主体特征的准确性。从前面的相关研究中，可以看出公共服务设施方面的问题主要体现在建成初期。因此，本书选择了铭和苑社区、田园社区、映月社区作为案例进行重点分析，并辅以东新园社区（建成年代较久的保障房）进行对比（表7-1）。

典型社区的基本情况                                      表7-1

| 社区名称 | 区位 | 建成年代 | 占地面积（hm²） | 人口（人） | 入住情况 | 距离市中心（km） |
|---|---|---|---|---|---|---|
| 铭和苑社区 | 江干区下沙中心区 | 2006年 | 60 | 12880 | 全部入住 | 17.2 |
| 田园社区 | 拱墅区半山街道田园区块 | 2013年 | 14 | 15017 | 未全部入住 | 10.8 |
| 映月社区 | 西湖三墩祥符地块（跨西湖、拱墅两区） | 2008年 | 99 | 28173 | 全部入住 | 8.6 |
| 东新园社区 | 拱墅区东新街道中部 | 2004年 | 33.8 | 20159 | 全部入住 | 6.6 |

### 7.1.1 铭和苑社区公共服务设施

医疗卫生方面，社区周边在2013年（调研期间）有杭州新城医院（综合性医院），距离该社区仅有500m，极大地方便了居民的生活（图7-2）。

商业设施方面，调研期间仅有1家大型的都尚超市，而这家超市同时需要满足大学城大量学生生活需求，超市日常运行压力过大，社区周边缺少综合性的购物场所。

教育设施方面（图7-1），调研期间社区周边有幼儿园2所（下沙星河幼儿园、景苑幼儿园18班），小学2所（学林小学24班、杭州市下沙第一小学33班），中学1所（杭州市下沙中学30班）。学校分布相对比较合理，距离社区相对较近，但从学校现有规模分析，除小学相对能满足居民需求外，幼儿园和中学数量远不能满足社区孩子上学需求。

社区周边缺少相应的文体设施，调研期间社区仅有少量的篮球场和室外健身器材。很多大型文体设施依托距离较远的大学城，给居民日常生活带来不便（图7-2）。

图 7-1　铭和苑社区教育设施

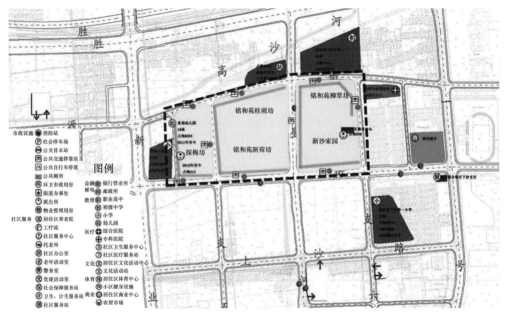

图 7-2　铭和苑社区公共服务设施分布图（来源：作者自绘）

## 7.1.2　田园社区公共服务设施

田园社区周边服务性设施十分缺乏，仅有少量底商，其余公共服务设施都相对较远，计算得出该住区与公共设施的平均距离约为2km，主要集中在半山镇区的半山路两侧，居民的日常生活十分不便（图7-3）。

商业设施方面，调研显示居民较偏向选择相对较远的联华以及丁桥物美超市，社区周边缺少足够的设施，不能很好地满足居民的生活需求。

教育设施方面，调研期间田园社区周边有幼儿园2所（杭钢北苑幼儿园、半山幼儿园），小学4所（杭钢北苑小学、杭州市北秀小学、杭州市半山实验学校、浙江省教科院附属小学），中学1所（杭钢北苑实验中学）。总体来看，该社区周边学校分布极不合理，既增加了孩子的上学负担，也增加了保障家庭的生活成本，不能很好地解决保障性住区家庭孩子的教育问题。

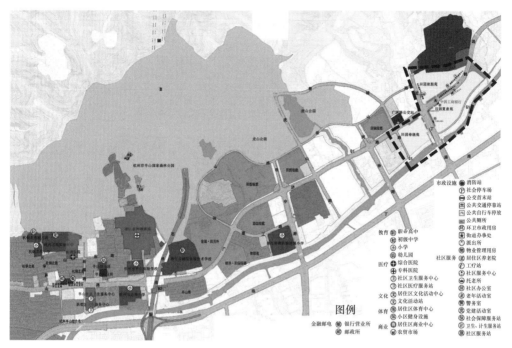

图 7-3　田园社区公共服务设施分布图（来源：作者自绘）

医疗卫生方面，调研期间半山镇区有 4 家医疗卫生设施（杭钢医院、浙江省肿瘤医院、半山社区卫生服务中心和拱墅区卫生服务中心）。调研发现，居民前往医院就医的频率相对较高，但距离原因导致居民就医不便。

文化设施方面，部分居民会选择相对较远的钱江新城市民中心，公交车程大约 1h。体育设施方面，由于社区邻近虎山、龙山和半山国家森林公园，优越的地理位置在很大程度上方便了居民的日常锻炼，但其他体育健身设施缺乏。

行政设施方面，调研期间田园社区设有夏意社区服务中心、田园租赁房物业管理中心和半山派出所夏意社区警务室（图 7-4），能较满足居民的部分需求。

图 7-4　周边社区服务、行政管理设施

## 7.1.3　映月社区公共服务设施

以映月社区为中心，向外辐射 2km，绘制社区周边城市公共设施分布图（图 7-5），分析得出该区域范围能够涵盖医疗卫生、教育、商业三大设施，但其他设施则略显不足。

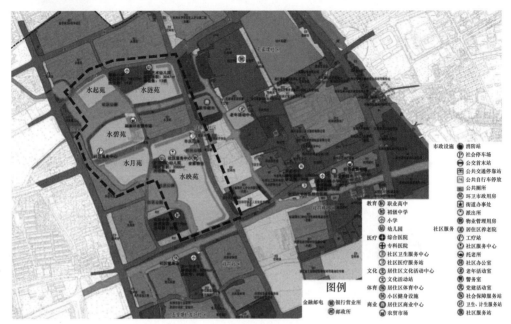

**图 7-5 映月社区公共服务设施分布图（来源：作者自绘）**

教育设施方面，调研期间有 3 所幼儿园：杭州市祥符中心幼儿园（规划 6 班，现状扩为 13 班）、祥符艺术幼儿园（规划 9 班，现状扩为 10 班）、孔家埭贝贝幼儿园（现状为民居底层改建，较为简陋）。但幼儿园数量和质量存在较大问题，幼儿园条件相对来看需要改善。有 3 所小学：杭州市文一街小学秀水校区（规划 24 班，现状只开设一年级）、莫干山路小学（现状 24 班）、杭州市德胜小学都市水乡校区（规划 18 班，现状为 8 班）。从配置来看，小学数量充足，但分布较远，上学路程相对较长。调研期间有 2 所中学：杭州市都市水乡长阳中学（规划 30 班）、杭州市求是高级中学（现状 24 班）。由于中学分布较远，社区学龄儿童家庭就学压力大。

医疗卫生设施方面，调研期间有 4 家医疗卫生设施（杭州祥隆医院、浙江医院分院、中西结合医院以及社区卫生服务站）。医疗设施数量相对充足，但由于分布较远，通过访谈得知这些医院不是居民的就医首选地点，他们更愿意选择相对较远的浙江大学医学院附属第一医院和附属第二医院，该社区周边医疗设施使用频率较低。

商业设施方面，调研期间存在 5 家大型商业设施：联华超市（2011 年前后新增）、好又多超市（2005 年新增）、三墩第二农贸市场、祥符农贸市场（2005 年建成）和陆家圩农贸市场（2011 年前后建成）。除了大型的商业设施，社区周边也分布着大量的底商，便利居民的生活，但由于灯彩路商业街建成后大量的批发商行占用了大面积的底商，阻碍了为居民提供日常服务的商业的进驻。分析可知，大型商业设施相对较少，除 2010 年前后建成的设施外，其余设施分布都相对分散且间隔距离较远。

　　除了以上三大类服务性设施，调研期间社区周边大型的金融邮电、文化、体育设施则非常欠缺，居民日常无法享受这些设施带来的便利。而仅有的分布较为合理的社区公园却因缺少服务居民的设施而导致公园缺少活力。调研期间社区有社区服务中心、物业管理中心，同样因服务内容单一，而无法更好地服务社区居民。

## 7.1.4　东新园社区公共服务设施

　　以东新园社区为中心，向外辐射 2km，绘制社区周边城市公共设施分布图（图 7-6）。东新园社区在教育设施分布方面，调研期间有 2 所公办幼儿园：东新实验幼托园（21 班），星星幼托园（5 班）。幼儿园学位供给缺口较大，社区周边设立的 6 所私立幼儿园解决了部分学位供求问题。调研期间社区周边有 1 所小学，1 所中学：胜蓝实验小学（49 班），胜蓝实验中学（18 班）。从距离上看上学较为方便，但数量上难以满足该社区孩童义务教育基本需求（图 7-7）。

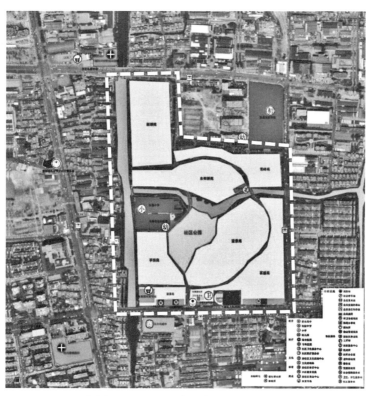

图 7-6　东新园公共服务设施分布图（来源：作者自绘）

　　医疗设施方面，调研期间社区内有 1 家东新园社区卫生服务站，主要服务社区内居民，社区附近有 2 家距社区 500m 以内的医院（杭州爱德医院和下城区中西医结合医院）（图 7-8），但整体医疗水平都不高，访谈发现，居民仍然优先选择浙江大学医学院附属第一医院和附属第二医院等省级三甲医院。

图 7-7　东新园社区教育设施

图 7-8　东新园社区医疗卫生设施

　　商业设施方面，调研期间东新园周边区域的商业设施较多，能满足居民的日常生活需求。社区内部主要有社区南侧住房底层商业，周边有距社区直线距离仅120m 的大型的沃尔玛购物广场，另外也有诸如杭州华联和世纪华联等各类中小型超市，并且周边还有 2 处农贸市场（东新园农贸市场和西文农贸市场）。

　　调研发现，东新园社区公共设施中文化娱乐设施和医疗设施较为缺失，而且文体设施整体档次不高。养老设施和社区服务中心等基本能满足居民的日常需求。金融邮电方面则较为齐全，社区周边设有杭州联合农村商业银行、中国邮政储蓄银行、中国工商银行和中国建设银行等。周边公共交通方面较为完善，共有 16 公交线路，社区内设有公共自行车租赁点 9 处，能满足居民日常出行的基本需求。

## 7.1.5　小结

　　根据对以上社区保障房周边现场走访及问卷调查和公共服务设施分布图的绘制，并对上述 4 个社区进行综合分析，4 个社区的公共服务设施特征归结为以下几点：

### 1. 教育设施类别齐全，但数量较少且分布待改善

　　根据分布图，社区周边皆布置有幼儿园、小学及中学，能基本满足调研期间社区内各年龄段的孩子的上学需求。但普遍存在教学设施不足问题，社区周边中学都仅有 1 所，无法完全覆盖保障性社区。教学设施分布的不合理，加大了保障性家庭的出行负担。

### 2. 医疗设施数量不足, 服务压力大

根据调研以及对居民的访谈, 社区周边配置了一定的医疗设施, 但一方面医院数量不足, 服务压力大, 导致其无法很好地满足居民的医疗需要; 另一方面, 医疗设施质量存在差异, 更多的居民会选择距离相对较远的大型医院, 以享受更为优质的医疗卫生服务。

### 3. 商业设施使用频繁, 设施可达性高, 但数量少

调研期间社区周边都有大型购物超市 (田园社区除外), 能较好地满足居民日常生活的真实需求, 且设施的可达性相对较高, 但是大型商场数量的不足在一定程度上也造成部分商业设施运营压力过大。

### 4. 文化、体育设施数量种类少

社区不同的地理区位直接影响了不同社区文体设施的类别。调研期间田园社区更多依靠半山国家森林公园打造健康绿色的休闲健身场所; 铭和苑社区以及映月社区可能更多的是依靠周边大学配套的大型文体设施。但总体上来说, 3 个社区都十分缺乏对文体设施的建设, 不便于居民日常使用。

### 5. 金融邮电以及社区服务设施数量不足, 规模较小

结合实地走访以及居民访谈, 这类设施一方面数量配置不足, 导致居民的交通成本较高; 另一方面, 这类设施规模较小, 为居民提供的服务内容也相对比较单一, 居民满意度较低, 不能满足居民使用需求。

## 7.2 典型社区公共服务设施供需关系分析

### 7.2.1 公共服务设施需求整体情况

保障性住区居民整体关注度最高的是医疗卫生设施, 并且不论是哪个年龄段都最关心医疗卫生设施。关注度次高的是公共服务设施, 因年龄段的不同而有所不同。55 岁以下的中青年人其次最关心的是教育设施, 因为家里的孩子大部分还处于上学的阶段。而 55 岁以上的老年人其次最关心的是社区服务设施, 因为老年人基本上都退休在家, 日常生活中使用社区服务设施的频率较高。保障性住区居民也较为关注交通设施, 并且由于保障性住区居民大部分是中低收入人群, 在出行方面主要依赖公共交通。

调研期间实施的《杭州市城市规划公共服务设施基本配套规定》(杭政函〔2009〕110 号) 和《城市居住区规划设计规范 (2002 年版)》GB 50180—93, 现在实施的是《杭州市城市规划公共服务设施基本配套规定》(杭政函〔2016〕105 号) 和《城市居住区规划设计标准》GB 50180—2018。本节将以调研时间 2013 年为节点, 对比当时年实施的《杭州市城市规划公共服务设施基本配套规定》(杭政函〔2009〕110 号) 和现行的《城市居住区规划设计标准》GB 50180—2018 进行对比, 如

表 7-2 所示。

杭州地标与国标对比分析　　　　　　　　　表 7-2

| | | 《杭州市城市规划公共服务设施基本配套规定》（杭政函〔2009〕110 号） | 《城市居住区规划设计标准》GB 50180—2018 |
|---|---|---|---|
| 居住区分级 | | 基础社区、居住小区、居住区 | 居住街坊、5min 生活圈、10min 生活圈、15min 生活圈 |
| 设施分类 | | 公共服务设施：教育、医疗、文化、体育、商业、金融邮电、社区服务、市政公用和行政管理等 9 类设施 | 配套设施：基层公共管理与公共服务设施、商业服务设施、市政公用设施、交通场站及社区服务设施、便民服务设施等 6 类设施 |
| 设施分级对比 | 医疗卫生设施 | 综合医院、社区卫生服务中心（含计划生育技术服务用房）、药房和社区卫生服务站 | 卫生服务中心、门诊部、养老院、老年养护院、老年人日间照料中心、社区卫生服务站等 |
| | 教育设施 | 初中、小学、幼儿园、九年一贯制学校和社区学校 | 初中（可合建）、小学、幼儿园和托儿所 |
| | 养老设施 | 养老院、托老所 | 养老院、老年养护院和老年人日间照料中心（托老所） |
| | 文体设施 | 文化活动站（书报阅览室、书画文娱健身等功能）、青少年和老年活动室等 | 体育场、全民健身中心、文化活动中心（含青少年、老年活动中心）、文化活动站（含青少年活动站、老年活动站）、中型和小型多功能运动场地、室外综合健身场地（含老年户外活动场地）等 |
| | 商业设施 | 小区商业设施（包含多种商业业态）、农贸市场便利店、早点店等 | 商场、菜市场或生鲜超市、健身房、餐饮设施、银行和电信营业网点、社区商业网点（超市、药店、洗衣店和美发店等） |
| | 社区服务设施 | 社区服务站、社会保障服务站等 | 社区服务站、社区食堂、社区商业网点、再生资源回收点、生活垃圾收集站、公共厕所 |

　　本节将通过标准换算规模与现状建筑面积对比，判断 4 个社区各项设施规模是否基本满足使用需求，是否基本符合标准规定。依据标准要求的百户指标或控制性指标换算四大社区在一定人口的设施建筑面积，各项设施规范要求指标如表 7-3 所示。随着社会经济发展，我国社会主要矛盾已经转化为人民日益增长的美好生活需要和不平衡不充分的发展之间的矛盾，人民对于美好生活需求不断提升，对居住区配套服务设施也提出了更高的配置和使用要求。整体上看，国标规定各项设施配置指标高于杭州市配置指标，对服务设施配置有更高的配置要求[①]，也是响应城市发展需要、满足人居环境高品质要求的体现。

　　本节根据调研问卷直接汇总满意度评定结果，判读四大社区各项设施的满意度情况。根据对各类设施使用情况问卷，对质量满意情况提供"满意""比较满

---

① 中国工程建设标准化协会. 新版《城市居住区规划设计标准》解读［EB/OL］.（2019-04-08）［2022-02-27］. https://www.sohu.com/a/306597032_120057226.

意""不满意"三个评定等级，根据百分比数理统计直接汇总得出各项设施质量满意度评定结果。对数量满意情况提供"数量充足""数量一般""数量不足""不清楚"四个评定等级，根据百分比数理统计直接汇总得出各项设施数量满意度评定结果。其中，选择"不清楚"或者没有回答的选项，大致分为两种情况：一是不知道该种设施在社区或周边是否存在，因而从未使用；二是知道存在该种设施却从未使用，无法就设施的满意情况做评价。本节根据对保障性住区各项服务设施的现状调研，分析住区居民对各项设施的使用情况，得出 4 个社区各项服务设施的自给程度，分析住区范围内各项设施自我服务能力。

各项设施规范指标标准对比　　　　　　　　　　表 7-3

| 类别 | | 《杭州市城市规划公共服务设施基本配套规定》（杭政函〔2009〕110 号） | | 《城市居住区规划设计标准》GB 50180—2018 |
|---|---|---|---|---|
| 教育设施 | 幼儿园（生源按百户 9.3 座计算） | 6 班（1773m$^2$）9 班（2481m$^2$）12 班（3182m$^2$），每班 30 座 | | 6 班（2200m$^2$）9 班（3145m$^2$）12 班（4046m$^2$），每班 30 座 |
| | 小学（生源按百户 22 座计算） | 24 班（10282m$^2$）30 班（11785m$^2$）36 班（14005m$^2$），每班 45 座 | | 24 班（9963m$^2$）36 班（13855m$^2$），每班 45 座 |
| | 初中（生源按百户 11 座计算） | 24 班（12507m$^2$）30 班（15083m$^2$）36 班（17632m$^2$），每班 50 座 | | 24 班（12590m$^2$）30 班（15018m$^2$）36 班（17865m$^2$），每班 50 座 |
| 养老设施 | | — | | — |
| 医疗卫生设施 | | 0.062m$^2$/ 户 | 0.021m$^2$/ 人 | 0.1213m$^2$/ 人 |
| 文体设施 | | 37m$^2$/ 百户 | 0.123m$^2$/ 人 | 0.35m$^2$/ 人 |
| 商业设施 | | 35m$^2$/ 百户 | 0.117m$^2$/ 人 | 0.33m$^2$/ 人 |
| 社区服务设施 | | 0.371m$^2$/ 户 | 0.124m$^2$/ 人 | 0.227m$^2$/ 人 |

注：户均人口数按 1 户 3 人转换。

## 7.2.2　医疗卫生设施供需关系分析

医疗卫生设施配置和建设与经济社会发展脱节，导致医疗卫生设施相对缺乏[①]，是引起居民看病难的关键因素之一。杭州市的"看病难"问题已成为住房难、行路难、停车难等七大问题之一，并且我国人口老龄化趋势的加强，使得民众对医疗卫生保健设施的依赖加强。对于保障性住区居民来说，医疗卫生设施的配置将直接影响居民，若配置不合理，会增加中低收入居民阶层的负担。

以调研时间 2013 年为节点，查找医疗卫生设施配置的相关规划条例。按照《城市居住区规划设计规范（2002 年版）》G8 50180—93 和《杭州市城市规划公共服务

---

① 刘兆文. 杭州医疗设施发展与医院布局研究［D］. 杭州：浙江大学，2006.

设施基本配套规定》（杭政函〔2009〕110号），居住区划分为居住区级、小区级和组团级居住区，配套医疗卫生设施：包括综合医院、社区卫生服务中心（含计划生育技术服务用房）、药房和社区卫生服务站。对比现行国家标准《城市居住区规划设计标准》GB 50180—2018，配套医疗卫生设施主要包括卫生服务中心、门诊部、养老院、老年养护院、老年人日间照料中心、社区卫生服务站。根据社区人口、规范配置换算各社区医疗卫生设施标准配置情况的实际需求规模，总体上国标配置规模较杭州地方标准大，更加满足医疗服务需求，完善医疗基础设施建设，提升医疗服务水平（表7-4）。

4个社区医疗卫生设施供需情况对比　表7-4

| | | 现状 | | | 标准对比（m²） | | 满意度（%） | | 自给程度（%） |
| --- | --- | --- | --- | --- | --- | --- | --- | --- | --- |
| | 名称 | 用地面积（m²） | 建筑面积（m²） | 规模（床） | 杭标2009 | 国标2018 | 数量 | 质量 | |
| 铭和苑社区 | 杭州新城医院 | 13333.33 | 13809 | 200 | 798.56 | 1562.34 | 59.22 | 47.11 | 47.60 |
| | 杭州开发区妇幼保健院 | — | — | — | | | | | |
| | 浙江省中医院下沙院区 | 34666.67 | 25600 | | | | | | |
| | 下沙医院 | 131000 | 175700 | 1200 | | | | | |
| | 铭和苑社区卫生服务站 | — | 214 | | | | | | |
| 田园社区 | 杭钢医院 | 13300 | 27950 | 290 | 931.05 | 1821.56 | 42.29 | 40.11 | 39.40 |
| | 浙江省肿瘤医院 | 63880 | 64297 | 1500 | | | | | |
| | 社区卫生服务站 | — | 200 | — | | | | | |
| | 半山社区卫生服务中心 | 6500 | — | 72 | | | | | |
| 映月社区 | 杭州祥隆医院 | | 13000 | — | 1746.73 | 3417.38 | 49.22 | 52.11 | 53.80 |
| | 浙江医院分院 | | 10000 | 800 | | | | | |
| | 中西药结合医院 | — | 2866 | 60 | | | | | |
| | 工疗站 | | 679.8 | | | | | | |
| 东新园社区 | 杭州爱德医院 | | 19500 | 850 | 1249.86 | 2445.29 | — | — | — |
| | 下城区中西医结合医院 | — | 3250 | 148 | | | | | |
| | 东新园社区卫生服务站 | | 1000 | | | | | | |

注："杭标2009"即《杭州市城市规划公共服务设施基本配套规定》（杭政函〔2009〕110号）；"国标2018"即《城市居住区规划设计标准》GB 50180—2018。

医疗卫生设施数量与规模基本满足需求，但是质量满意度差。4个社区医疗卫生设施调研期间都超过了《杭州市城市规划公共服务设施基本配套规定》（杭政函〔2009〕110号）和《城市居住区规划设计标准》GB 50180—2018设定的标准配置建筑面积（表7-4），基本上能够满足居民的实际需求。但是根据问卷反馈，社区居民对医疗卫生设施的数量和质量满意度均较低。其中，田园社区的满意度最低，仅 40% 左右。铭和苑社区数量满意度较高，为 59.22%。由于调研期间铭和苑社区周边有杭州新城医院、杭州开发区妇幼保健院、浙江省中医院下沙院区、下沙医院和铭和苑社区卫生服务站等医疗卫生设施，其中新城医院距离社区仅 500m，对于保障性住区居民来说非常便利。而映月社区的医疗卫生设施质量满意度最高，配套医疗卫生设施有浙江医院分院等质量较高的综合医院，能在一定程度上满足居民的要求。

越远离城市中心区，医疗服务供需平衡程度越低。本书根据对保障性住区居民医疗卫生设施使用情况的调查，得出 4 个社区医疗卫生设施的自给程度。整体的自给程度不高，调研期间仅有映月社区超过 50%。其中田园社区由于入住时间较短，配套设施没有跟上，医疗卫生设施主要依赖于较远的半山街道设施。设施的自给程度与保障性住区的地理位置有一定的关系，从表 7-4 可以看出，地理位置越远离市中心，自给程度越低。如田园社区离市中心较远（离市中心 10.8km），自给程度较低。究其原因，较好的医疗卫生设施大部分都集中在市中心，少量质量好的医疗卫生设施分散于城市拓展区和外围区，而这一情况对于远离城市中心区的居民尤其是保障性住区居民来说是非常不利的。一方面，医疗卫生设施数量少、质量差；另一方面，城市拓展区和外围区的居民对医疗卫生设施的要求较高，希望使用质量更好的医疗卫生设施。如此，就形成了恶循环，这对于保障性住区居民尤其是处于城市拓展区和城市外围区的人来说是一个非常重的负担。

### 7.2.3　教育设施供需关系分析

随着社会进步和发展，教育设施的公平公正已成为焦点性问题[1]，保障教育设施的数量和质量能够有效促进教育均衡发展，维护社会公民教育权利。当前浙江省致力于高质量发展，建设共同富裕示范区，而教育是建设共同富裕示范区的重要动力[2]，将培育一代又一代的优秀人才，为更加美好未来做出更大贡献。

以调研时间 2013 年为节点，查找教育设施的相关规划条例。根据《杭州市城市规划公共服务设施基本配套规定》（杭政函〔2009〕110 号）、《城市居住区规划设计规范（2002 年版）》GB 50180—93 计算得出 4 个保障性住区规划需求配建的教育设施的数量与规模，根据杭州市地方标准要求，杭州教育设施主要包括初中、小学、幼儿园、九年一贯制学校和社区学校等。对比现行《城市居住区规划设计标准》GB 50180—2018，配套教育设施主要包括初中（可合建）、小学、幼儿园和托儿所等。根据社区人口、规范配置换算各社区教育设施配置的实际需求规模，总体

① 郑晓虹. 城市教育设施公平性评估及其优化策略研究［D］. 杭州：浙江工业大学，2019.
② 袁振国：教育是共同富裕的重要动力［EB/OL］.（2021-12-08）［2022-02-17］. https://baijiahao.baidu.com/s?id = 1718533467143028157&wfr = spider&for = pc.

上国家标准配置幼儿园、小学与初中的配置建筑规模差别较小，证明国家历来重视教育基础设施建设，关注教育设施的教育公平问题。

教育设施配置整体的数量与规模仅部分满足需求，供需较不平衡。幼儿园基本满足需求，小学供需较为平衡，但是初中配置数量少，供需不平衡。根据《杭州市城市规划公共服务设施基本配套规定》（杭政函〔2009〕110号）要求配置的百户生源指标换算社区生源数量，根据幼儿园和中小学标准配置要求规划幼儿园、小学和初中班级数量（表7-5）。经过调研分析，铭和苑社区等4个典型保障房住区的教育设施配置基本满足杭州市地方标准和国家标准，且都超过了标准规定配置的数量与规模，基本满足社区的实际需求（表7-6）。但是田园社区的幼儿园、初中缺口较大，仅有1所杭州市拱墅区半山幼儿园，而幼儿园实际需求为18班，远远不能满足使用需求。东新园尽管学校数量少，但是胜在班级数量多，基本满足居民需求。

**4个典型社区生源数量标准配比与规划配置班数表**　　　　　　表7-5

| | 人口（人） | 户数（百户） | 生源数量（人） | | | 配置班级数量（班） | | | 建议配置班数（班） | | |
|---|---|---|---|---|---|---|---|---|---|---|---|
| | | | 幼儿园 | 小学 | 初中 | 幼儿园 | 小学 | 初中 | 幼儿园 | 小学 | 初中 |
| 规划标准值 | — | — | 生源座数标准值（杭标2009，座/百户） | | | 班级座数标准值（杭标2009，座/班） | | | 配置班数（杭标2009） | | |
| | | | 9.3 | 22 | 11 | 30 | 45 | 50 | 6/9/12班，每班30座 | 24/30/36班，每班45座 | 24/30/36班，每班50座 |
| 铭和苑社区 | 12880 | 42.93 | 399.28 | 944.53 | 472.27 | 13.31 | 20.99 | 9.44 | 15班（6+9） | 24 | 24 |
| 田园社区 | 15017 | 50.06 | 465.53 | 1101.25 | 550.62 | 15.52 | 24.47 | 11.01 | 18班（6+12） | 30 | 24 |
| 映月社区 | 28173 | 93.91 | 873.36 | 2066.02 | 1033.01 | 29.11 | 45.91 | 20.66 | 24班（12+12） | 48班（24+24） | 24 |
| 东新园社区 | 20159 | 67.2 | 624.93 | 1478.33 | 739.16 | 20.83 | 32.85 | 14.78 | 21班（9+12） | 36 | 24 |

注：① 人口数为2013年调研信息，采用换算标准皆来源于《杭州市城市规划公共服务设施基本配套规定》（杭政函〔2009〕110号）规范要求。

② "杭标2009"即《杭州市城市规划公共服务设施基本配套规定》（杭政函〔2009〕110号）；"国标2018"即《城市居住区规划设计标准》GB 50180—2018。

幼儿园满意度较高，小学与初中满意度较低，其中初中质量和数量满意度均很低，因此对初中的资金投入、建设和管理尤为重要。对于教育设施的满意度，调研期间的4个社区有较大的区别。铭和苑社区对教育设施的数量满意度是最高的，均在75%以上，尤其是幼儿园的满意度达到80.12%。铭和苑社区周边的幼儿园有6所，超过了社区居民的实际需求，仅有部分人认为数量不足。田园社区的教育设施满意度最低，尤其是初中数量满意度，仅为 38.12%。

从整体来看，4 个社区对教育设施的数量满意度随着教育设施等级的升高反而下降，幼儿园的数量满意度最高，初中最低。主要原因是，幼儿园的办学要求最低，也有部分私立幼儿园，幼儿园数量尚可；初中的办学要求相对最高，绝大多数为公办初中，数量相对较少。

关于教育设施的质量满意度，整体来说，与数量满意度情况类似，从幼儿园到初中，满意度越来越低。随着孩子年龄增长，升学压力增大，对学校的教学质量要求更高，也导致家长对学校的师资力量、硬件设施等要求更高。从社区上看，田园社区的整体满意度最低，尤其是初中只有 25.08%。铭和苑社区的教育设施质量满意度较为平均，均在 50% 左右。而映月社区的教育设施质量满意度跨度很大，幼儿园的质量满意度为 63.43%，而初中的质量满意度仅为幼儿园的一半，只有 30.23%。说明映月社区不同教育设施的质量相差较大，对于初中的资金投入、管理不足，导致初中质量差。

**4 个社区教育设施供需情况对比**　　　　　　　　　　　　　表 7-6

| | | 现状 | | | 标准对比（m²） | | 满意度（%） | |
|---|---|---|---|---|---|---|---|---|
| | 名称 | 用地面积（m²） | 建筑面积（m²） | 规模 | 杭标 2009 | 国标 2018 | 数量 | 质量 |
| 铭和苑社区 | 浙师大附属杭州星河幼儿园 | 8000 | — | 16 班，在校 480 人 | 27043 幼儿园 15（6＋9）班 小学 24 班 初中 24 班 | 27898 幼儿园 15（6＋9）班 小学 24 班 初中 24 班 | 80.12 | 57.24 |
| | 高沙幼儿园 | 7894.86 | 1495.79 | 7 班 | | | | |
| | 艺馨幼儿园 | — | — | 12 班 | | | | |
| | 杭州市下沙天天幼儿园 | — | — | — | | | | |
| | 下沙新星幼儿园 | — | — | — | | | | |
| | 景苑幼儿园 | 8204 | — | 18 班 | | | | |
| | 文海教育集团学林小学 | 15606 | 11403.5 | 18 班 | | | 77.03 | 56.45 |
| | 杭州市下沙第一小学 | — | — | — | | | | |
| | 景苑小学 | 28734 | 21408 | 33 班 | | | | |
| | 杭州市下沙第二小学 | — | — | — | | | | |
| | 下沙中心小学 | 32034 | 24220 | 24 班 | | | | |
| | 杭州市下沙中学 | 31411 | 5425 | 30 班 | | | 75.23 | 49.36 |
| | 杭州实验外国语学校中学部 | — | — | 27 班 | | | | |
| | 杭州东南中学 | — | — | 24 班 | | | | |

续表

| | | 现状 | | | | 标准对比（m²） | | 满意度（%） | |
|---|---|---|---|---|---|---|---|---|---|
| | | 名称 | 用地面积（m²） | 建筑面积（m²） | 规模 | 杭标2009 | 国标2018 | 数量 | 质量 |
| 田园社区 | 幼儿园 | 杭州市拱墅区半山幼儿园 | 2766 | 1066 | 82座 | 29247 幼儿园18（6+12）班 小学30班 初中24班 | 30773 幼儿园18（6+12）班 小学30班 初中24班 | 58.12 | 48.24 |
| | 小学 | 杭州市北秀小学 | 16470 | 6789.3 | 18班，1200人左右 | | | 63.17 | 34.46 |
| | | 杭州市半山实验小学 | 9979 | 4686 | 24班，700人 | | | | |
| | | 浙江省教科院附属小学 | 21101 | 6204 | 27班，988人 | | | | |
| | 初中 | 杭钢北苑实验中学 | 22011 | 13060 | 30班 | | | 38.12 | 25.08 |
| 映月社区 | 幼儿园 | 杭州市祥符中心幼儿园 | — | — | 13班 | 39435 幼儿园24（12+12）班 小学48（24+24）班 初中24班 | 40608 幼儿园24（12+12）班 小学48（24+24）班 初中24班 | 77.12 | 63.43 |
| | | 祥符艺术幼儿园 | — | 403 | 10班 | | | | |
| | | 孔家埭贝贝幼儿园 | — | 270 | — | | | | |
| | 小学 | 杭州市文一街小学秀水校区 | — | 15345 | 规划24班 | | | 79.09 | 42.15 |
| | | 莫干山路小学 | — | 4800 | 26班，1080人 | | | | |
| | | 杭州市德胜小学都市水乡校区 | 3290 | 18579.3 | 19班 | | | | |
| | 初中 | 杭州市都市水乡长阳中学 | — | 21395.1 | 规划30班 | | | 52.17 | 30.23 |
| 东新园社区 | 幼儿园 | 东新实验幼托园 | — | 3000 | 21班 | 32175 幼儿园21（9+12）班 小学36班 初中24班 | 33636 幼儿园21（9+12）班 小学36班 初中24班 | — | |
| | | 星星幼托园 | — | 1300 | — | | | | |
| | 小学 | 胜蓝小学 | — | 8000 | — | | | | |
| | 初中 | 胜蓝实验中学 | — | 29400 | 58班 | | | | |

注："杭标2009"即《杭州市城市规划公共服务设施基本配套规定》（杭政函〔2009〕110号）；"国标2018"即《城市居住区规划设计标准》GB 50180—2018。"国标2018"计算参考《义务教育普通中小学校必配生均建筑面积指标》和《幼儿园各类用房建筑面积指标》。

公办教育为主，民办教育少。幼儿园民办与公办并存，小学与初中公办为主，基本没有民办。由表7-7可知，调研期间保障性住区周边以公办学校为主，其中初中都属公办性质并且数量较少。教育投资主体单一，在调研期间尚未形成多元教育投入的格局。以田园社区的教育设施配置情况来进行分析，调研期间田园社区有2所公办幼儿园；3所公办小学，1所民办；1所公办初中，但没有民办初中。田园社区教育设施配置情况主要受以下几点影响：① 田园社区相对其他社区在调研期间是较新的保障性住区，社区配套教育设施尚未建成。② 社区居民入住时间较短，由于户口暂未迁入，多数学龄儿童仍就学于原居住地教育设施，调研期间民办学校市场较小。③田园社区地理位置较为偏远，缺少民办投资的条件。

4 个社区学校建设主体结构对比 表 7-7

| 社区 | 设施 | 公办 | | 民办 | |
|---|---|---|---|---|---|
| | | 数量 | 比例 | 数量 | 比例 |
| 铭和苑社区 | 幼儿园 | 2 | 33.3% | 4 | 66.7% |
| | 小学 | 2 | — | — | — |
| | 初中 | 1 | — | — | — |
| 田园社区 | 幼儿园 | 2 | 100% | 0 | 0 |
| | 小学 | 3 | 75% | 1 | 25% |
| | 初中 | 1 | 100% | 0 | 0 |
| 映月社区 | 幼儿园 | 2 | 66.7% | 1 | 33.3% |
| | 小学 | 2 | 66.7% | 1 | 33.3% |
| | 初中 | 1 | 100% | 0 | 0 |
| 东新园 | 幼儿园 | 2 | 100% | 0 | 0 |
| | 小学 | 1 | 100% | 0 | 0 |
| | 初中 | 1 | 100% | 0 | 0 |

## 7.2.4 养老设施供需关系分析

随着人口老龄化的加快，养老已成为世界关注的重点问题之一，同样也是我国面临的严峻问题[①]。浙江省各地高度重视养老服务设施建设，切实加强领导、加大投入，已取得良好成效。但总体看，浙江省养老服务基础设施建设发展还不平衡，存在总量不足、结构不合理、功能不全等问题，在一些城市表现为"一床难求"，与经济社会发展水平不相适应。加强养老服务设施建设，是加快推进浙江省社会养老服务体系建设，加强民生保障、促进"两富"现代化浙江建设的必然要求[②]；是着力保障和增强老年人医疗康复、生活照护服务，满足老年群体社会养老服务需求的当务之急。根据对保障性住区的问卷调查和实地走访，铭和苑社区、田园社区、东新园社区、映月社区 4 个典型的保障性住区的人口结构中，老年人的数量较多，平均占比 20% 左右。因此，保障性住区的养老设施配置尤为重要。以调研时间 2013 年为节点，查找养老设施的相关规划条例，根据《杭州市城市规划公共服务设施基本配套规定》（杭政函〔2009〕110 号），调研期间杭州养老设施按照居住区和居住小

① 吴欣. 西北地区东部县城公益性公共设施适宜性规划指标体系研究 [ D ]. 西安:西安建筑科技大学，2013.

② 国务院办公厅关于印发社会养老服务体系建设规划（2011—2015 年）的通知 [ EB/OL ]. ( 2011-12-16 ) [ 2022-02-27 ]. http://www.gov.cn/zwgk/2011-12/27/content_2030503.htm.

区二级设置，每个居住区至少设置1所养老院，居住小区设立托老所[①]。对比现行《城市居住区规划设计标准》GB 50180—2018，配套养老服务设施按照全生活圈尺度需要设置养老院、老年养护院和老年人日间照料中心（托老所）等。

根据浙江省民政厅《养老服务设施分类及标准》[②]，养老服务设施主要包括四大类设施（表7-8）。

养老服务设施标准　　　　　　　　　　　　　　　　　　表7-8

| 设施类型 | 配建指标 |
|---|---|
| 护理型养老机构 | 护理床位室内使用面积每床平均 $8m^2$ 以上，机构综合建筑面积每床平均 $50\sim70m^2$，房间设置为大开间，单间摆放床位 $4\sim8$ 张，室内须设有独立护理室（台）和卫生洗浴间。护理人员与休养人员按 $1:3\sim1:4$ 配备 |
| 助养型养老机构 | 介助床位室内使用面积单人、双人、三人间分别为 $10m^2$、$14m^2$、$18m^2$ 以上，机构综合建筑面积每床平均 $40\sim60m^2$，房间内须设有独立卫生洗浴间，卫生洗浴间面积 $5\sim7m^2$。护理人员与修养人员按 $1:8\sim1:10$ 配备 |
| 居养型养老机构 | 居家型套内使用面积不得超过 $60m^2$，床位租费按月或按年收取，一次性租费收取最多不能超过3年。护理人员与修养人员按 $1:12\sim1:15$ 配备 |
| 社区居家养老服务照料中心 | 日托功能，使用面积 $300m^2$ 以上，有2名以上的专（兼）职管理（服务）人员和专项运营保障经费；全托功能，使用面积 $500m^2$ 以上，有5名以上的专（兼）职管理（服务）人员和专项运营保障经费 |

来源：浙江省民政厅《养老服务设施分类及标准》。

养老服务设施缺口较大，亟须加强养老服务设施建设。调研显示，4个典型社区60岁以上的老年人比例整体上较高。铭和苑社区的老年人比例最高，占39.8%，老龄化问题较为突出。东新园社区老年人比例最低，仅10.26%（表7-9）。田园社区是相对较新的保障性住区，居民入住时间较短，老年人人口比例也较低。调研情况显示，4个典型保障性住区的养老服务设施配置缺口很大，基本都无配套养老服务设施，仅东新园社区有下城区老年人日间照料中心，但是设施规模小，容纳有限，承受的压力较大（表7-10）。未来老人尤其是空巢老人对养老服务设施的需求增加，养老服务设施的建设迫在眉睫。

杭州市典型保障性住区老年人结构比例　　　　　　　　表7-9

| 类型 | 社区 | 铭和苑社区 | 田园社区 | 映月社区 | 东新园社区 |
|---|---|---|---|---|---|
| 社区人口（人） | | 12880 | 15017 | 28173 | 20159 |
| 60岁以上老年人 | 人数（人） | 5126 | 2652 | 7060 | 2068 |
| | 比例（%） | 39.8 | 17.66 | 25.06 | 10.26 |

---

① 根据《杭州市城市规划公共服务设施基本配套规定》（杭政函〔2009〕110号），要求规划养老设施床位控制在老人总数的2%，居住区及以下级别的社会养老设施需解决70%的老年养老需求。

② 浙江省民政厅浙江省国土资源厅浙江省住房和城乡建设厅关于加强养老服务设施规划建设的意见［EB/OL］.（2012-12-17）［2022-02-27］. http://mzt.zj.gov.cn/art/2012/12/17/art_1633560_31298144.html.

东新园养老服务设施配置现状　　　　　　　　　　表 7-10

| 东新园社区 | 建设年代 | 用地面积 | 规模 | 服务范围 |
|---|---|---|---|---|
| 下城区老年日间照料中心 | 2006 年 | 900m² | 30 床（已住满） | 社区老人 |

## 7.2.5　文体设施供需关系分析

随着物质生活水平的提升，人们对于精神生活的期待和追求越来越迫切，也更多地期盼着更高层次的精神生活[1]。而加强文体基础设施建设，加强城市居民住区文化建设，将极大丰富群众精神文化生活。浙江省重视公共文化服务与体育设施建设，2018 年 3 月浙江省发布《中共浙江省委浙江省人民政府关于推进文化浙江建设的意见》[2]，强调健全公共文化设施网格，提升公共文化服务水平；为促进公共体育设施的建设，加强公共体育设施的管理，浙江省体育局发布了《浙江省公共体育设施管理办法》[3]。

以调研时间 2013 年为节点，查找文体服务设施的相关规划条例。根据《杭州市城市规划公共服务设施基本配套规定》（杭政函〔2009〕110 号）、《城市居住区规划设计规范（2002 年版）》G8 50180—93，调研期间标准中杭州文体服务设施分居住区文化活动中心和居住小区文化站两级配置，并建议兼顾行政辖区结合或靠近同级中心绿地安排建设，主要包括文化活动站（书报阅览室、书画文娱健身等功能）、青少年和老年活动室等。对比现行《城市居住区规划设计标准》GB 50180—2018，配套社区文体服务设施主要包括体育场、全民健身中心、文化活动中心（含青少年中心、老年活动中心）、文化活动站（含青少年活动站、老年活动站）、中型和小型多功能运动场地、室外综合健身场地（含老年户外活动场地）等。根据社区人口、规范配置换算各社区文体设施标准配置情况的实际需求规模，根据表 7-11可知，总体上，国家标准配置规模比杭州地方标准大。

文化设施和体育设施配置严重不足，数量与规模都远低于标准规定，不能满足实际需求，满意度与自给程度均很低。缺乏文化设施和体育设施，其中文化设施的种类和数量都非常缺乏，4 个社区总共仅存 3 家影院、1 个公园、1 个青少年宫和1 个老年活动中心；体育设施方面也仅有少量的社区篮球场和室外健身器材。调研期间，4 个社区的文化设施和体育设施配置数量与规模都低于标准规定。从文化设施和体育设施的自给程度上看，这两者基本不能满足 4 个社区居民的日常需求。文

① 把握创造美好生活的三个维度［EB/OL］.（2018-03-28）［2022-02-27］. https://baijiahao.baidu.com/s?id = 1596180564388745554&wfr = spider&for = pc.

② 中共浙江省委浙江省人民政府关于推进文化浙江建设的意见［EB/OL］.（2018-03-22）［2022-02-27］. http://nb.zjzwfw.gov.cn/art/2018/3/22/art_1179045_16388306.html.

③ 浙江省体育局关于做好《浙江省公共体育设施管理办法》贯彻实施工作的通知［EB/OL］.（2020-12-26）［2022-02-27］. https://tyj.zj.gov.cn/art/2021/1/2/art_1229262678_4393792.html.

化设施和体育设施的自给程度均低于 40%，这说明保障性住区对文体设施配置欠缺考虑，未长远考虑保障性住区居民需求。随着保障性住区居民经济收入水平提高，居民观念逐渐改变，越来越注重文化享受和追求健康生活，越来越重视文体设施使用需求。文体设施供应与居民需求矛盾愈加突出，这是亟须改善的问题。

4 个社区文体设施供需情况对比　　　　　　表 7-11

| | | 现状 | | | 标准对比（m²） | | 满意度（%） | | 自给程度（%） |
|---|---|---|---|---|---|---|---|---|---|
| | 名称 | 用地面积（m²） | 建筑面积（m²） | 规模 | 杭标2009 | 国标2018 | 数量 | 质量 | |
| 铭和苑社区 | 文化设施 | 图书馆、华元电影、大世界、新远下沙影城 | — | — | — | 1588.53 | 4508 | 41.12 | 37.67 | 38.2 |
| | 体育设施 | — | — | — | — | | | 39.27 | 36.11 | 37.1 |
| 田园社区 | 文化设施 | 半山、龙山、虎山公园 | 1720000 | — | — | 1852.1 | 5255.95 | 34.52 | 32.57 | 41.0 |
| | 体育设施 | — | — | — | — | | | 45.27 | 32.22 | 39.1 |
| 映月社区 | 文化设施 | 拱墅区青少年宫 | — | 600 | — | 3474.67 | 9860.55 | 38.12 | 29.67 | 31.2 |
| | 体育设施 | — | — | — | — | | | 40.27 | 28.11 | — |
| 东新园社区 | 文化设施 | 众安电影、大世界 | — | 800 | 596座 | 2486.28 | 7055.65 | — | — | — |
| | 体育设施 | 西文老年活动中心 | — | 1000 | — | | | — | — | — |

注："杭标 2009"即《杭州市城市规划公共服务设施基本配套规定》（杭政函〔2009〕110 号）；"国标 2018"即《城市居住区规划设计标准》GB 50180—2018。

### 7.2.6　商业设施供需关系分析

城市商业设施业态类型多样，属于经营性公共设施，主要由市场经营配置和调节。社区商业则以便利居民基本生活消费为目标，提供社区居民日常生活需要的商品和服务。以调研时间 2013 年为节点，查找商业服务设施的相关规划条例。根据《杭州市城市规划公共服务设施基本配套规定》（杭政函〔2009〕110 号）、《城市居住区规划设计规范（2002 年版）》G8 50180—93，调研期间标准中杭州商业服务设施分居住区、居住小区和基层社区三级设置，主要包括小区商业设施（包含多种商业业态）、农贸市场便利店、早点店等。对比现行《城市居住区规划设计标准》GB 50180—2018，配套社区商业服务设施主要包括商场、菜市场或生鲜超市、健身房、餐饮设施、银行和电信营业网点、社区商业网点（超市、药店、洗衣店和美发店等）。

商业设施数量不多，低于标准规模。4 个社区商业设施质量相差较大，自给程度差别较大。相对较新的社区，配套设施较为滞后。商业设施整体上数量不多。铭和苑社区较为缺乏商业设施，调研期间其商业配置规模低于标准规定，仅有1家大型的都尚超市。铭和苑社区居民对商业设施的数量满意度不高，仅45.77%，但对商业设施的质量满意度较高，为62.67%。这表明，虽然铭和苑社区商业设施数量少并且规模低于实际需求，但商业设施内的商品和服务等较为全面，基本能满足居民的日常需求，自给程度达到66.0%。而田园社区相对来说属于新的保障性住区，居民入住率较低，对于经营者来说，市场需求少，利润空间小，社区商业入驻率也较低，而对已经入住的居民来说日常需求得不到满足。田园社区商业设施自给程度非常低，仅有30.8%。映月社区和东新园社区建设年代较早，整个社区已经较为成熟，因此商业设施也较为完善，对于居民的需求能较好地满足（表7-12）。

4个社区商业设施供需情况对比　　　　　　表 7-12

| | 现状 | | | 标准对比（m²） | | 满意度（%） | | 自给程度（%） |
|---|---|---|---|---|---|---|---|---|
| | 名称 | 用地面积（m²） | 建筑面积（m²） | 规模 | 杭标2009 | 国标2018 | 数量 | 质量 | |
| 铭和苑社区 | 都尚超市 | — | — | — | 1502.67 | 4250.4 | 45.77 | 62.67 | 66.0 |
| 田园社区 | 联华超市（7间门面） | — | 630 | — | 1751.98 | 4955.61 | 40.67 | 36.67 | 30.8 |
| | 华东武林大药房 | — | 1020 | | | | | | |
| | 台州厨房 | — | 540 | | | | | | |
| | 永知灵食府（田园店） | — | 400 | | | | | | |
| 映月社区 | 联华超市 | — | — | — | 3286.85 | 9297.09 | 66.64 | 52.67 | 57.9 |
| | 好又多超市 | — | 200 | | | | | | |
| | 三墩第二农贸市场 | — | 3678.9 | | | | | | |
| | 祥符农贸市场 | — | 1500 | | | | | | |
| | 陆家圩农贸市场 | — | 2343.8 | | | | | | |
| 东新园社区 | 沃尔玛购物广场 | — | 1000 | — | 2351.88 | 6652.47 | — | — | — |
| | 杭州华联 | — | 200 | | | | | | |
| | 东新园农贸市场 | — | 1200 | | | | | | |
| | 西文农贸市场 | — | 500 | | | | | | |

注："杭标2009"即《杭州市城市规划公共服务设施基本配套规定》（杭政函〔2009〕110号）；"国标2018"即《城市居住区规划设计标准》GB 50180—2018。

## 7.2.7　社区服务设施供需关系分析

以调研时间2013年为节点，查找社区服务设施的相关规划条例。根据《杭州市城市规划公共服务设施基本配套规定》（杭政函〔2009〕110号）、《城市居住区规划设计规范（2002年版）》GB 50180—93，调研期间标准中杭州社区服务设施主要包括生活服务设施、社会养老设施、文化活动设施、康体服务设施等，此节主要考虑生活服务设施，如社区服务站、社会保障服务站等。对比现行《城市居住区规划设计标准》GB 50180—2018，配套社区服务设施主要包括社区服务站、社区食堂、社区商业网点、再生资源回收点、生活垃圾收集站、公共厕所等。

社区服务设施数量少，种类单一，规模远低于实际需求，整体满意度偏低。4个社区都配置有最基本的社区服务设施，即便民服务中心，但整体社区服务设施种类单一。调研期间，社区服务设施配置在规模上远远低于实际需求，同时也不符合标准要求（表7-13）。社区服务设施作为与住区居民距离最近、最能帮助居民、同时又可积极推动外来人口融入城市的公共服务设施，需要在公共服务设施配置中给予关注。

4个社区服务设施供需情况对比　　　　　　　　　　表7-13

| 现状 | | | | 标准对比（m²） | | 满意度（%） | |
| --- | --- | --- | --- | --- | --- | --- | --- |
| 名称 | 用地面积（m²） | 建筑面积（m²） | 规模 | 杭标2009 | 国标2018 | 数量 | 质量 |
| 铭和苑社区 铭和苑社区老年活动中心 | 214 | — | — | 4778.48 | 2923.76 | 43.71 | 56.34 |
| 田园社区 田园租赁房物业服务中心（南都物业） | — | 288 | — | 5571.307 | 3408.86 | 52.71 | 46.34 |
| 夏意社区便民服务中心 | — | 560 | | | | | |
| 夏意益家邻里互助中心 | — | 90 | | | | | |
| 映月社区 映月社区便民服务中心 | — | 150 | — | 10452.18 | 6395.27 | 61.71 | 51.34 |
| 三墩镇水秀苑社区便民服务中心 | — | 110 | | | | | |
| 东新园社区 东新园社区服务中心 | — | 150 | — | 7478.989 | 4576.09 | — | — |

注："杭标2009"即《杭州市城市规划公共服务设施基本配套规定》（杭政函〔2009〕110号）；"国标2018"即《城市居住区规划设计标准》GB 50180—2018。

# 第8章　杭州市保障性住区公共服务设施配套的优化策略研究

## 8.1　保障性住区公共服务供应的价值取向

### 8.1.1　以人为本的原则

保障性住区公共服务设施配套建设要以满足多元化的需要和不同年龄层次人群需求为基本出发点，坚持以人为本原则。在布局和配置优化过程中应综合展开分析，要考虑结合住区居民实际的公共设施使用需求情况，如对医疗卫生设施关注度较高，则考虑增加门诊、药店等设施；针对住区内不同人群主体特征，结合居民生活方式、习惯行为等特征，充分考虑保障性住区内老中青人群的生活需求和改造优化诉求，提高公共服务设施供给。

### 8.1.2　公平与效率兼顾的原则

#### 1. 从社会公平出发配置城市公共空间

从社会管理视角解读社会公平，主要是指每个人都有全面发展自己和获得正当权利的机会①。城市保障性住区公共服务设施保障体系的核心目标，就是要保障住区内全体居民享受到相对平等的教育、医疗等服务，在公共服务配套层面实现社会公平②。

各类公共设施是住区公共服务配套的物质载体③，设施的公平配置是指住区居民

---

① 陈虎. 基于城市经营的城市规划编制、实施与管理研究：理念、方法及实证［D］. 南京：南京大学，2003.

② 社会公平包括起点公平、过程公平和结果公平。在这三个层次的公平中，起点公平是制度基础，过程公平是质量保障，结果公平是最终目标，三者彼此紧密联系。具体来看：① 起点公平，也称为机会公平或形式公平，即为全体居民享有同等的接受教育、医疗等公共服务的可能性，这要求建立以公平为原则的公共配套制度，保证居民公平获得公共服务的可能性；② 过程公平，是指在保障性住区公共设施的供给过程中，居民可以平等地获得这些公共服务，或者说是指居民在获得这些公共服务时所付出的成本大致公平；③ 结果公平，是指居民普遍享受到了同等数量和质量的居住配套服务。

③ 费彦，王世福. 市场体制下的城市居住区公共服务设施保障体系建构［J］. 规划师，2012，28（6）：66-69.

公平地享有基本配套服务权益。政府应从社会公平角度出发配置保障性住区空间，解决现状城市中心区、城市拓展区和城市外围区公共设施覆盖率差异和客观可达性差异问题，为保障性住区居民供给足够且均衡的公共服务设施和公共空间，考虑布局时尽量照顾到更多人群的需求，保证保障性住区配套设施在空间上数量和质量的落实，保障住区层面公共产品和公共服务的公平配置。

#### 2. 强调效率有助于提高社会公平

社会公平需要市场作用，强调效率能更好地实现公平。在市场经济体制下，需要将社会公平原则践行到建设过程中，以最高效率实现社会公平。

公平与效率不可分割，二者必须兼顾。追求效率和利润是市场经济的本质属性，追求高效率能够加快实现社会资本和资源的最优配置，追求效率对于社会整体发展具有积极的意义。在实现保障性住区公共服务保障体系公平的过程中必须强调效率，不断优化完善保障体系机制，一定程度上提高公共服务设施供应品质。

政府与市场的协调可使效率最大化。在保障性住区公共服务设施供给中，政府和市场分别代表公平与效率，政府制定公共政策、公共财政支出制度保障公平，市场运行机制实现效率。政府在不同时期对不同保障性住区建设类型应作出适宜政策指引，让政府这只"看不见的手"更好地发挥对保障性住区建设的引导和指导作用，最终实现供给效率的最大化。

### 8.1.3　权责明晰原则

#### 1. 明确各类主体责任

为优化保障性住区公共服务设施配套建设，应明确建设过程中各类主体职责：

（1）政府职责

政府作为保障性住区公共服务供给的主导者，处于管制主体的地位[①]，应当全面控制公共服务供给的规划、生产和管理等诸环节，扮演好资金引导者、生产安排者以及监督者、管理者等诸种角色。政府应承担起创造新的发展环境、为保障性住区居住群体提供社会帮助与福利的责任，确保最低限度的公共设施服务水平，制定合理的公共设施配置标准，为他们提供一个有基本保障的生活环境。同时，政府应当给予开发商和企业引导性政策、人才和资金上的支持与帮扶保障，承担起保障性住区公共服务设施管理与监督的职责，在企业和开发商承接建设设施和供给中保持全方位监督，对企业和开发商等供给主体的资格、供给质量和价格等方面进行有效监督[②]。最后，政府应关注居民对公共服务设施满意度状况、不同类型公共服务设施使用特征及公共服务设施供需状况的意见，及时根据收集的数据信息调整公共服务设施建设与管理政策，加强政策引导，不断提升住区居民生活幸福感和满意度。

---

① 吴楠. 我国城市社区公共服务的供给机制研究［J］. 学理论，2013（22）: 93-94.

② 董明涛，孙钰. 我国农村公共产品供给主体合作模式研究［J］. 经济问题探索，2010（11）: 33-38.

（2）市场主体职责

市场机制下，市场（企业和开发商等）主体已经主导或参与了一大批城市公共服务设施建设，成为推动经济社会进步和实现人的全面发展不可或缺的重要力量。极大完善了住区服务功能，提升了住区品质。市场主体应以保障民生、提供公共产品和社会服务为主要目标[1]，通过提供资金、技术、公共服务平台运营和多样化服务等，承担起协助政府在特定领域提供公共服务、缓解政府供给压力的责任，提升企业和开发商主体的社会公信力。同时，企业和开发商主体应普遍建立起严格的自律机制和完善的监督机制，立足于社会需求，反映公众需求，弥补政府在公共服务领域的不足，与政府保持良好的合作伙伴关系。

（3）社区居民委员会职责

根据《中华人民共和国城市居民委员会组织法》（2018 年 12 月 29 日修正）的规定，居委会是组织居民开展自我管理、自我教育、自我服务和自我监督活动的、在社区公共服务的供给中居于中心地位的居民自治组织。2017 年，《中共中央　国务院关于加强和完善城乡社区治理的意见》[2]发布，提倡发挥基层群众性自治组织基础作用，充分发挥住区自治章程、住区居民公约在城乡住区治理的正向推动作用。住区居委会要正确定位自身在住区内公共服务供给中的职责，居委会作为链接居民与政府、企业和开发商的中介和桥梁，应发挥承上启下、协调各方的组织和协调作用，通过召开居委会会议、民主协商和实地走访等方式，及时收集并反馈住区内居民的公共设施服务需求及建议信息，促进政府治理与居民自治的良性互动。

（4）居民职责

住区居民自身的社会经济属性，如年龄结构、性别比例和主要行为特征等，直接影响其公共服务设施需求，主要体现在类型、数量和质量上[3]。社区居民是社区利益最直接的相关者，也是住区公共设施服务的直接需求人群。居民应增强自身权利意识与参与能力，积极参与住区公共设施的建设，为住区公共事务决策，如重大公共设施布局类型与地点的选择建言献策。同时，居民应自觉及时缴纳住区公共服务设施养护和管理费用，维持住区内公共服务设施日常运营。住区居民应对住区内公共服务设施日常使用过程的情况进行反馈，帮助政府和市场主体作出及时调整。

**2. 明确政府投资和市场配置分类类别**

随着经济体制改革的不断深入，我国公共服务设施配置正逐步从单一政府主导模式向多元协调合作模式转变，更多的市场经济实体参与到公共服务配套设施的建设过程中。根据《杭州市城市规划公共服务设施基本配套规定（修订）》（杭政函

---

① 陈新开. 国企"竞争中立性"规则问题研究：基于澳大利亚融通 TPP 框架的经验与启示［J］. 商业经济研究，2016（22）：107-111.

② 中共中央　国务院关于加强和完善城乡社区治理的意见［EB/OL］.（2017-06-12）［2022-02-27］. http://www.gov.cn/zhengce/2017-06/12/content_5201910.htm.

③ 王丽娟. 城市公共服务设施的空间公平研究［M］. 昆明：云南大学出版社，2016.

〔2016〕105号），杭州市公共设施可以分为公益性设施和经营性设施两类，一般而言，公益性设施即由政府主导投资建设，经营性设施由市场主导投资建设。

不以营利为目的并以公共利益为衡量标准的公益性设施通常又可以分为基础性设施和福利性设施[①]。基础性设施指面向教育、医疗、文化等保障住区居民日常生活需求的公共服务设施，而福利性设施指面向儿童、老人和残疾人士等特殊群体的公共服务设施（表8-1）。基础性设施布局关乎住区居民日常使用需求，更强调设施的全覆盖和均质性，政府是该类设施投资和建设的主体；福利性设施则更需要政府与市场合作供给即混合投资建设，扩大特殊化个性化公共设施供给渠道，缓解政府可能存在的供给能力不足和政府失灵问题。

公共服务设施投资主体分类表　　　　　　　　　　　　　　　　表 8-1

| 设施分类 | | 涵盖内容 | 投资主体 |
|---|---|---|---|
| 公益性设施 | 基础性设施 | 教育、医疗、文体等设施 | 政府投资 |
| | 福利性设施 | 老幼残服务设施 | 混合投资 |
| 经营性设施 | | 商业、经营性设施 | 市场投资 |

杭州市保障性住区的各类公共服务设施的建设方式如表8-2所示。在实际配套建设过程中，应根据住区内公共服务设施投资主体情况，综合统筹考虑现实差异，分类施策，拟定突出财政主体地位、完善引导机制和决策机制，实现住区内公共服务设施投入的有效建设和长远发展。

公共服务建设方法分类表　　　　　　　　　　　　　　　　表 8-2

| 类别 | 项目 | 层级 | 经济属性 | 投资主体 |
|---|---|---|---|---|
| 教育 | 幼（托）儿园 | 基层社区级 | 公益性、福利性 | 混合 |
| | 小学 | 街道级 | 公益性、基础性 | 政府 |
| | 初级中学（九年一贯制） | 街道级 | 公益性、基础性 | 政府 |
| | 社区学校 | 基层社区级 | 公益性、基础性 | 政府 |
| 医疗卫生 | 社区卫生服务中心 | 街道级 | 公益性、基础性 | 政府 |
| | 社区卫生站 | 基层社区级 | 公益性、基础性 | 政府 |
| 文化 | 居住区文化活动中心（综合文化站） | 街道级 | 公益性、基础性 | 政府 |
| | 文化广场（公园） | 街道级 | 公益性、基础性 | 政府 |
| | 文化活动室 | 基层社区级 | 公益性、基础性 | 政府 |
| 体育 | 居住区体育中心 | 街道级 | 公益性、基础性 | 政府 |
| | 体育健身点 | 基层社区级 | 公益性、基础性 | 政府 |

---

① 刘佳燕，陈振华，王鹏，等. 北京新城公共设施规划中的思考［J］. 城市规划，2006（4）：38～42，50.

续表

| 类别 | 项目 | 层级 | 经济属性 | 投资主体 |
|---|---|---|---|---|
| 商业服务 | 农贸市场 | 街道级 | 经营性 | 市场 |
| | 药店 | 街道级 | 经营性 | 市场 |
| | 中小超市 | 街道级 | 经营性 | 市场 |
| | 美容美发 | 街道级 | 经营性 | 市场 |
| | 书店（书报亭） | 街道级 | 经营性 | 市场 |
| | 便民小菜店 | 基层社区级 | 经营性 | 市场 |
| | 水果店早餐店 | 基层社区级 | 经营性 | 市场 |
| | 24小时便利店 | 基层社区级 | 经营性 | 市场 |
| | 与快递服务场所结合的O2O网点 | 基层社区级 | 经营性 | 市场 |
| | 社区食堂 | 基层社区级 | 经营性 | 市场 |
| | 其他商业服务 | 街道级 | 经营性 | 市场 |
| 社区服务 | 社区服务中心 | 街道级 | 公益性、基础性 | 政府 |
| | 居住区养老院 | 街道级 | 公益性、福利性 | 混合 |
| | 残疾人日间照料托养服务机构 | 街道级 | 公益性、福利性 | 混合 |
| | 居家养老服务照料中心 | 基层社区级 | 公益性、福利性 | 混合 |
| | 残疾人社区康复站 | 基层社区级 | 公益性、福利性 | 混合 |
| | 社区配套用房（社区居委会） | 基层社区级 | 公益性、基础性 | 政府 |
| | 物业管理 | 基层社区级 | 公益性、基础性 | 混合 |
| 金融邮电 | 邮政所（网点） | 街道级 | 经营性 | 混合 |
| | 银行营业所 | 街道级 | 经营性 | 混合 |
| | 快递服务场所 | 基层社区级 | 经营性 | 混合 |
| 市政公用 | 消防站 | 街道级 | 公益性、基础性 | 政府 |
| | 变电所 | 街道级 | 公益性、基础性 | 政府 |
| | 开闭所 | 街道级 | 公益性、基础性 | 政府 |
| | 移动通信基站 | 街道级 | 公益性、基础性 | 政府 |
| | 公共自行车服务点 | 街道级 | 公益性、基础性 | 政府 |
| | 河道绿化养护用房 | 街道级 | 公益性、基础性 | 政府 |
| | 道路养护用房 | 街道级 | 公益性、基础性 | 政府 |
| | 环卫工人休息场地 | 街道级 | 公益性、基础性 | 政府 |
| | 亮灯养护用房 | 街道级 | 公益性、基础性 | 政府 |
| | 变电室 | 基层社区级 | 公益性、基础性 | 政府 |
| | 电信交接间 | 基层社区级 | 公益性、基础性 | 政府 |

续表

| 类别 | 项目 | 层级 | 经济属性 | 投资主体 |
|------|------|------|----------|----------|
| 市政公用 | 公厕 | 基层社区级 | 公益性、基础性 | 政府 |
| | 垃圾房 | 基层社区级 | 公益性、基础性 | 政府 |
| | 生活垃圾集置场地 | 基层社区级 | 公益性、基础性 | 政府 |
| 行政管理 | 街道办事处 | 街道级 | 公益性、基础性 | 政府 |
| | 派出所 | 街道级 | 公益性、基础性 | 政府 |
| | 城管执法中队用房 | 街道级 | 公益性、基础性 | 政府 |

来源：作者结合《杭州市城市规划公共服务设施基本配套规定（修订）》（杭政函〔2016〕105号）的街道级和基层社区级两级公共服务设施设置标准表格制作。

### 3. 区分控制性指标和引导性指标内容

保障性住区公共服务设施配套建设与保障性住区居民生活密切相关，需要在已有设施配置规范基础上构建包容性强灵活性高的公共设施配置体系[①]。保障性住区公共配套设施标准设置应在已有规范标准上进一步优化，提升保障性住区居民较为关注的教育、养老服务、医疗卫生和文体设施等内容和标准指标，明确控制性指标与指导性指标，既要明确建筑面积、用地面积等约束性内容，也应当包括能够满足各类居民主体需求的引导性内容，构建包容性强灵活性高的公共设施配建体系。

根据《杭州市城市规划公共服务设施基本配套规定（修订）》（杭政函〔2016〕105号），规范要求公益性设施配置应根据规范设置强制性规定，对公益性设施的内容、规模、用地和设置要求进行安排，经营性设施则建议根据规范的引导性要求，允许公共设施一定的弹性和配置的灵活度（表8-3）。

**保障性住区公共服务设施指标配置建议表**　　　　　表8-3

| 类别 | 项目 | 层级 | 经济属性 | 控制性指标 | 指导性指标 | 备注 |
|------|------|------|----------|------------|------------|------|
| 教育 | 幼（托）儿园 | 基层社区级 | 公益性、福利性 | √ | × | 按相关规范设置 |
| | 小学 | 街道级 | 公益性、基础性 | √ | × | 按相关规范设置 |
| | 初级中学（九年一贯制） | 街道级 | 公益性、基础性 | √ | × | 按相关规范设置 |
| | 社区学校 | 基层社区级 | 公益性、基础性 | √ | × | 按相关规范设置 |
| 医疗卫生 | 社区卫生服务中心 | 街道级 | 公益性、基础性 | √ | × | 按相关规范设置 |
| | 社区卫生站 | 基层社区级 | 公益性、基础性 | √ | × | 按相关规范设置 |
| 文化 | 居住区文化活动中心（综合文化站） | 街道级 | 公益性、基础性 | √ | × | 按相关规范设置 |

---

① 王爱，石蕾，夏健. 保障性住区配套设施规划建设策略研究［J］. 苏州科技学院学报（工程技术版），2013，26（2）：55-61.

续表

| 类别 | 项目 | 层级 | 经济属性 | 控制性指标 | 指导性指标 | 备注 |
|------|------|------|----------|-----------|-----------|------|
| 文化 | 文化广场（公园） | 街道级 | 公益性、基础性 | √ | × | 按相关规范设置 |
| | 文化活动室 | 基层社区级 | 公益性、基础性 | √ | × | 按相关规范设置 |
| 体育 | 居住区体育中心 | 街道级 | 公益性、基础性 | √ | × | 按相关规范设置 |
| | 体育健身点 | 基层社区级 | 公益性、基础性 | √ | × | 按相关规范设置 |
| 商业服务 | 农贸市场 | 街道级 | 经营性 | × | √ | 按相关规范设置 |
| | 药店 | 街道级 | 经营性 | × | √ | 按相关规范设置 |
| | 中小超市 | 街道级 | 经营性 | × | √ | 按相关规范设置 |
| | 美容美发 | 街道级 | 经营性 | × | √ | 按相关规范设置 |
| | 书店（书报亭） | 街道级 | 经营性 | × | √ | 按相关规范设置 |
| | 便民小菜店 | 基层社区级 | 经营性 | × | √ | 按相关规范设置 |
| | 水果店早餐店 | 基层社区级 | 经营性 | × | √ | 按相关规范设置 |
| | 24 小时便利店 | 基层社区级 | 经营性 | × | √ | 按相关规范设置 |
| | 与快递服务场所结合的 O2O 网点 | 基层社区级 | 经营性 | × | √ | 按相关规范设置 |
| | 社区食堂 | 基层社区级 | 经营性 | × | √ | 按相关规范设置 |
| | 其他商业服务 | 街道级 | 经营性 | × | √ | 按相关规范设置 |
| 社区服务 | 社区服务中心 | 街道级 | 公益性、基础性 | √ | × | 按相关规范设置 |
| | 居住区养老院 | 街道级 | 公益性、福利性 | √ | × | 按相关规范设置 |
| | 残疾人日间照料托养服务机构 | 街道级 | 公益性、福利性 | √ | × | 按相关规范设置 |
| | 居家养老服务照料中心 | 基层社区级 | 公益性、福利性 | √ | × | 按相关规范设置 |
| | 残疾人社区康复站 | 基层社区级 | 公益性、福利性 | √ | × | 按相关规范设置 |
| | 社区配套用房（社区居委会） | 基层社区级 | 公益性、基础性 | √ | × | 按相关规范设置 |
| | 物业管理 | 基层社区级 | 经营性 | × | √ | 按相关规范设置 |
| 金融邮电 | 邮政所（网点） | 街道级 | 经营性 | × | √ | 按相关规范设置 |
| | 银行营业所 | 街道级 | 经营性 | × | √ | 按相关规范设置 |
| | 快递服务场所 | 基层社区级 | 经营性 | × | √ | 按相关规范设置 |
| 市政公用 | 消防站 | 街道级 | 公益性、基础性 | √ | × | 按相关规范设置 |
| | 变电所 | 街道级 | 公益性、基础性 | √ | × | 按相关规范设置 |
| | 开闭所 | 街道级 | 公益性、基础性 | √ | × | 按相关规范设置 |
| | 移动通信基站 | 街道级 | 公益性、基础性 | √ | × | 按相关规范设置 |

续表

| 类别 | 项目 | 层级 | 经济属性 | 控制性指标 | 指导性指标 | 备注 |
|------|------|------|----------|------------|------------|------|
| 市政公用 | 公共自行车服务点 | 街道级 | 公益性、基础性 | √ | × | 按相关规范设置 |
| | 河道绿化养护用房 | 街道级 | 公益性、基础性 | √ | × | 按相关规范设置 |
| | 道路养护用房 | 街道级 | 公益性、基础性 | √ | × | 按相关规范设置 |
| | 环卫工人休息场地 | 街道级 | 公益性、基础性 | √ | × | 按相关规范设置 |
| | 亮灯养护用房 | 街道级 | 公益性、基础性 | √ | × | 按相关规范设置 |
| | 变电室 | 基层社区级 | 公益性、基础性 | √ | × | 按相关规范设置 |
| | 电信交接间 | 基层社区级 | 公益性、基础性 | √ | × | 按相关规范设置 |
| | 公厕 | 基层社区级 | 公益性、基础性 | √ | × | 按相关规范设置 |
| | 垃圾房 | 基层社区级 | 公益性、基础性 | √ | × | 按相关规范设置 |
| | 生活垃圾集置场地 | 基层社区级 | 公益性、基础性 | √ | × | 按相关规范设置 |
| 行政管理 | 街道办事处 | 街道级 | 公益性、基础性 | √ | × | 按相关规范设置 |
| | 派出所 | 街道级 | 公益性、基础性 | √ | × | 按相关规范设置 |
| | 城管执法中队用房 | 街道级 | 公益性、基础性 | √ | × | 按相关规范设置 |

来源：作者结合《杭州市城市规划公共服务设施基本配套规定（修订）》（杭政函〔2016〕105号）的街道级和基层社区级两级公共服务设施设置标准表格制作。

### 8.1.4　竞争合作适度原则

适度引入市场竞争机制，鼓励社会各方力量参与到社会服务当中，有利于集中公共产品生产、供给的社会优势力量，营造有序竞争、主体公平的市场环境，提升公共服务供给效率[①]。利益相关者的不同利益诉求，导致主体间竞争机制普遍存在。但若住区基本公共服务由政府单一供给，则负责供给公共服务设施部门可能会由于缺乏有效市场竞争而出现积极性下降、工作效率低下等问题，易引起或者加剧住区公共服务数量和质量的不均等现象，最终损害住区居民权益。因此，保持一定的竞争有利于保持组织活力，适度竞争有助于优化配置保障性住区公共服务设施。

## 8.2　保障性住区公共服务设施空间布局优化配置

关于宏观选址布局，从经济维度上看，保障性住区的住房成本从中心区向外围呈下降趋势，城市拓展区居于中间。对于大多数保障房居民来说，城市拓展区和外围区的住房成本在其可承受范围之内。从效率维度来看，在保障性住区居民出行效

---

① 王新军. 促进济南市基本公共服务均等化对策研究［J］. 山东工商学院学报，2010，24（4）：42-44，114.

率层面，城市拓展区的居民出行效率高于其他两个圈层。从效益维度来看，保障性住区居民对于各类公共服务设施的使用效益最高的是城市拓展区，远高于其他两个圈层。从公平维度来看，保障性住区选址公平性上从中心区向外围呈下降趋势，城市拓展区居中。综合考虑经济、效率、效益、公平这四个维度，杭州保障性住区可优先选择城市拓展区，并且尽量靠近轨道交通站点。此外，还要特别关注保障性住区居民出行的非机动车与轨道交通的换乘，对于城市拓展区、外围区的保障性住区尤其需要重视这一点。

另一种策略，城市拓展区和外围区两个圈层的保障性住区选址可以与一些产业园区结合布局，如杭州市萧山区的"王有史地块"经济适用房，紧邻新塘街道的羽绒制衣产业基地以及智新塘创意文化产业园；公共租赁房还可以考虑与高端服务业基地结合，配建人才公寓，或高级人才公共租赁房，如杭州建成的浙报集团创业人才公寓，是较高端的人才专项保障性住区。这种职住结合的形式，既可向保障性住区居民提供一些就业机会，缓解部分就业压力，也可带动区域的发展。

### 8.2.1　建立保障性住区规划用地选址评价模型

从前述调研分析可以看出，影响保障性住区规划用地选择的因素种类很多，相互之间关系密切，综合起来有社会因素、经济因素和文化因素。

低收入住区的空间分布规律是影响保障性住区规划用地选址的重要因素。对任何城市来说，随着城市经济的快速发展，城市居民贫富差距问题和社会空间分异问题都将普遍存在，城市居民也将持续关注包括居住公平在内的社会公平等热点问题。为避免社会矛盾加剧、社会阶层进一步分化和社会空间极化问题，住区发展规划应充分考虑城市最低收入居民居住空间的合理性，避免保障性住区远郊化或边缘化大面积连片发展，考虑采用多种混合居住模式[①]。

区位条件和交通条件也是影响保障性住区规划用地选址的重要因素[②]。保障性住区以中低收入阶层人群为主要居住人群，这一类阶层人群对出行成本、时间成本等经济因素的敏感性较高，一般选择离工作场所更近或交通更方便的居住地。因此偏远地区和缺少相应服务设施地区并不适合建设保障性住区。

而在利润和收益市场的驱使下，社会资本为满足高收入阶层的高品质住房需求，蚕食和侵占城市稀缺公共资源（尤其是公共空间资源），占据了较好的教育资源以及景观环境条件较好的地段。而主要以城市中低收入阶层为居住主体的城市保障性住区很容易沦为卫生条件差、居住面积小以及公共空间缺失的城市"贫民窟"。因此，在保障性住区规划用地选址中还需要考虑环境景观条件（对开敞空间的使用）和公共服务设施条件（包括教育设施、医疗设施和其他基础设施）等因素，应

① 陈彬. 我国城市保障性住房选址研究［D］. 南京：东南大学，2015.
② 张晶. 公租房规划研究及选址初探［J］. 城市建筑，2014（14）: 12-12，14.

　　尽可能兼顾不同社会阶层的利益，让保障性住区居民平等享有公共资源。

　　此外，文化和政策因素也对保障性住区选址产生影响，但考虑文化和政策因素的主观性，不便于转化为硬性评价指标，本书暂未将此纳入保障性住区规划用地选址评价模型中。

　　本书以选取的杭州市保障性住区研究情况为例，以保障性住区用地选址的适宜性综合评价为主要目标，提出了一个保障性住区规划用地评价因素权重分配模型[①]，建立了保障性住区规划用地评价的层次分析结构，主要包括低收入住区空间集聚度 A1、区位条件 A2、交通条件 A3、教育设施条件 A4、医疗设施条件 A5、景观质量条件 A6 和市政基础设施条件 A7 七个因素，根据这七个因素，构造判断矩阵（表 8-4）以综合判断用地选址的最优方案。

保障性住区规划用地评价因素权重　　　　　　　表 8-4

| 因素 | A1 低收入住区空间集聚度 | A2 区位条件 | A3 交通条件 | A4 教育设施条件 | A5 医疗设施条件 | A6 景观质量条件 | A7 市政基础设施条件 | 权重 |
|---|---|---|---|---|---|---|---|---|
| A1 低收入住区空间集聚度 | 1.00 | 2.00 | 2.50 | 3.00 | 3.00 | 3.00 | 5.00 | 0.2914 |
| A2 区位条件 | 0.50 | 1.00 | 1.50 | 2.00 | 2.00 | 2.00 | 4.00 | 0.1943 |
| A3 交通条件 | 0.40 | 0.67 | 1.00 | 1.50 | 1.50 | 1.50 | 3.00 | 0.1430 |
| A4 教育设施条件 | 0.33 | 0.50 | 0.67 | 1.00 | 1.00 | 1.00 | 3.00 | 0.1121 |
| A5 医疗设施条件 | 0.33 | 0.50 | 0.67 | 1.00 | 1.00 | 1.00 | 2.50 | 0.1046 |
| A6 景观质量条件 | 0.33 | 0.50 | 0.67 | 1.00 | 1.00 | 1.00 | 3.00 | 0.1121 |
| A7 市政基础设施条件 | 0.20 | 0.25 | 0.33 | 0.33 | 0.40 | 0.33 | 1.00 | 0.0426 |

　　注：指标体系中的权重通过课题组根据杭州市保障性住区实际情况和实地调研的经验及多方探讨得出，较适用于杭州市地区选址参考，其余地区用地评价可参考借鉴构成因素，具体指标界定需要根据具体情况再行修正。

---

① 本书采用主观赋值法——AHP 法（Analytical Hierarchy Process）来确定评价因素的权重。AHP 法也称为层次分析法，这种方法的特点是在对复杂决策问题的本质、影响因素及其内在关系等进行深入分析的基础上，利用较少的定量信息使决策的思维过程数学化，从而为多目标、多准则或无结构特性的复杂决策问题提供简便的决策方法。

　　AHP 法尤其适于对决策结果难于直接准确计量的场合。其基本原理为根据问题的性质和要达到的总目标，将问题分解为不同的组成因素，并按照因素间的相互关联影响以及隶属关系将因素按不同层次聚集组合，形成一个多层次的分析结构模型，从而使问题归结为最低层（供决策的方案、措施等）相对于最高层（总目标）的相对重要权值的确定或相对优劣次序的排定。

### 8.2.2　基于网络分析技术的公共服务设施选址

传统意义上的公共设施优化在实际规划和实施运用中存在着较大局限性，并且普遍性较强而针对性较弱。针对这一现象，本书建议杭州市保障性住区公共服务设施空间布局时运用 ArcGIS 工具，选用 GIS 网络分析工具。

网络分析[①]是一种基于矢量数据的、以运筹学和图论学为理论基础的地理化模型。网络分析主要用于最佳路径[②]和最佳布局中心位置的选择。运用网络分析技术，模拟实时交通路网信息，并结合公共服务设施的数量、点位、出行路径、时间和服务范围等因素，模拟计算出保障性住区内适宜的公共服务设施选址布局点位[③]。

本书建议建立保障性住区公共服务设施公平性评价模型，从可达性、设施质量和供需关系等方面，借助 GIS 技术计算得出最适宜建设公共服务设施点位。

#### 1. 基于网络路径的可达性

保障性住区公共服务设施强调设施的可达性，采用路径距离计算公共服务设施点到设施服务需求点，计算公共服务设施布局需求点。根据 GIS 计算可达性分布情况考虑设定各类公共服务设施的选址与布局，对于可达性要求较高的如教育设施、医疗卫生设施和商业设施，建议优先选址在 GIS 分析可达性高的区域；反之，对于可达性要求较低的文体设施和行政管理设施等，则考虑选址在可达性较低区域。

#### 2. 公共服务设施容量供需评估

保障性住区公共服务设施使用容量和所服务区块使用者数量之间的供需关系，反映了公共服务设施的供需状况不足或冗余程度，更是表征住区设施公平性的重要指标。本书提出利用 GIS 技术的泰森多边形法，各类设施分类计算，以医疗卫生设施布局为例：应以医疗卫生设施作为研究分析的对象进行空间上的划分，并以医疗卫生设施的一般服务容量为供应，实际住区内各年龄段人群看病就医的情况为需求。使用此方法，可以有效避免医疗卫生服务范围的漏失和重叠等问题。

#### 3. 公共服务设施质量指标测度

保障性住区公共服务设施建设配置应评估周边住区公共服务设施质量状况。从

---

① 网络分析的基本网络主要由中心（centers）、链接（links）、节点（nodes）和阻力（impedance）组成。中心，即源点为接收或分配资源的节点所在的位置。链是现实中各种线路的抽象，具有方向性，节点为网络中网线的汇合点，阻力是从中心点到链的距离，或者是经过一条链时所花费的时间、运输价格等，一般表示为起点到终点的函数，也叫作网流量。

② 这里的最佳路径是指从源点到另一个源点的最短距离或花费最少的路线；最佳布局中心位置是指各中心所覆盖范围内任一点到中心的阻力最小。

③ 运用网络分析工具优化布局，在已有设施空间分布和候选设施空间分布的基础上，让系统自动从用户指定的候选设施中挑选出指定个数的设施选址，挑选原则为用户选定的优化模型，挑选结果实现了选定模型设定的优化方式。

设施的日常使用情况、主要使用人群和设施供需关系分析等角度，设置合理指标评测周边各类服务设施质量，再对住区内设施选址进行考量。对于周边服务设施能覆盖且供给质量较好的，可以考虑保障性住区与周边共用；若实际周边设施质量较差，可新增住区设施供给，并考虑供本住区人员使用时兼顾部分周边群众使用需求，可以适度扩大供给覆盖面。

### 8.2.3 保障性住区控规阶段的设施评估优化

为优化供给保障性住区配套公共服务设施，在控规阶段，需要完善保障性住区各类公共服务设施的现状评估。本小节根据课题组的调研及多方讨论，构建了如表 8-5 所示的评价指标体系。

控规阶段的各类设施评价指标体系                    表 8-5

| 项目 | 权重 | 指标 | 权重 | 指标来源 | 得分标准 |
|---|---|---|---|---|---|
| 规模 | 0.4 | 设施数量、面积是否符合公共服务设施项目设置规定 | 0.2 | 测度 | 现实规模与规范中的标准规模的比例，比例＜1 的，得分为比例值，比例≥1 的，得分为 1 |
| | | 居民对设施数量主观满意度 | 0.2 | 问卷 | 根据选项比例计算，满意度最高的选项得分为 1，满意度最低选项得分 0 |
| 质量 | 0.2 | 居民对设施服务水平整体满意度 | 0.2 | 问卷 | 根据选项比例计算，满意度最高的选项得分为 1，满意度最低选项得分 0 |
| 可达性 | 0.4 | 居民对设施主观可达性 | 0.1 | 问卷 | 根据选项比例计算，可达性最高的选项得分为 1，可达性最低选项得分 0 |
| | | 设施对住区的覆盖率 | 0.15 | 测度 | 覆盖率即为得分 |
| | | 住区离设施的最短距离 | 0.15 | 测度 | 根据各类设施的综合最短距离制定得分标准 |

注：指标体系中的权重根据杭州市保障性住区实际情况和实地调研的经验经多方探讨得出，较适用于杭州市地区设施现状评价，其余地区设施现状评价可参考借鉴构成因素，具体指标界定需要根据具体情况再行修正。

通过综合评估找出保障性住区各类设施存在的数量、质量和可达性问题。对于存在设施数量和规模问题的住区，建议根据住区内实际需求人口和实际需求类型增加公共服务设施，使住区内供需平衡；而对于过度冗余的住区则考虑加强维护或适当减少设施规模。对于存在可达性问题的住区，增加公共服务设施供给，挖掘设施潜力增长存量为主，适当新建公服设施。

## 8.3 保障性住区公共服务设施配置

### 8.3.1 保障性住区公共服务设施供给模式探索

原有的公共服务机制已经渐渐不适应我国新型城镇化发展需求，我国的公共服务开始走上了多元化供给的道路[1]。在公共服务多元化进行的同时，与市场经济相适应的体制还没有完全建立起来，难免就会出现公共服务供给主体责任交叉、涉域不分明、相应职能不健全、公共利益受到损害等一系列情况。

　　保障性住区公共服务设施总体供给模式应坚持在政府的统筹下，强调优化供给效率，发挥市场机制的作用，促进多元化供给新格局的形成，政府、市场主体和社会公众三者各司其职。保障性住区公共服务设施合理的供给模式如图8-1所示。政府作为投资者、组织者和监督者，对于有效保障住区公共服务设施的足量优质供应起着决定性的作用。在政府的统筹下，市场主体和社会公众在保障性住区公共服务设施供应的三个环节各司其职，各尽其能，才能兼顾公平与效率，从而实现公共利益最大化（图8-1）[2]。

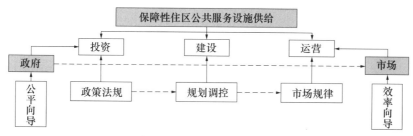

图 8-1　保障性住区公共服务设施供给模式示意图

（来源：作者根据费彦《市场体制下居住区公共服务设施的供应策略》绘制）

## 8.3.2　保障性住区公共服务设施配置体系（分级、分层配套建设）

　　保障性住区公共服务设施配置应采用分级、分层配置。保障性住区具有一定的居民主体群体特征和心理需求的特殊性，对住区内公共服务设施的需求差异主要体现在居民出行频率与出行时长两个方面。根据保障性住区内生活圈特征及日常使用需求的不同，参考《城市居住区规划设计标准》GB 50180—2018 中的生活圈概念，提出保障性住区公共服务设施应分为小区自足生活圈（步行 5min）、社区邻里生活圈（步行 15min）、城市拓展生活圈三个级别作为设施配置的依据（表8-6、表8-7）。

住区公共服务设施供给服务圈层表　　　　　　　　　表 8-6

| 生活圈 | 出行时长（min） | 出行距离（m） |
| --- | --- | --- |
| 小区自足生活圈 | 0～5 | 0～300 |
| 社区邻里生活圈 | 5～15 | 300～900 |
| 城市拓展生活圈 | 15～30 | 900～1500 |

　　注：本书研究对象人口规模对应《城市居住区规划设计标准》GB 50180—2018 中 10min 生活圈层级。因此，本小节圈层层级主要包括小区自足生活圈和社区邻里生活圈两个级别。

① 马慧强. 我国东北地区基本公共服务均等化研究［D］. 大连：辽宁师范大学，2014.

② 费彦，王世福. 市场体制下的城市居住区公共服务设施保障体系建构［J］. 规划师，2012，28（6）：66-69.

住区公共服务设施分层级配置表　　　　　　　表 8-7

| 类别 | 项目 | 层级 | 生活圈 |
|------|------|------|--------|
| 教育 | 幼（托）儿园 | 基层社区级 | 小区自足生活圈 |
| | 小学 | 街道级 | 社区邻里生活圈 |
| | 初级中学（九年一贯制） | 街道级 | 社区邻里生活圈 |
| | 社区学校 | 基层社区级 | 小区自足生活圈 |
| 医疗卫生 | 社区卫生服务中心 | 街道级 | 社区邻里生活圈 |
| | 社区卫生站 | 基层社区级 | 小区自足生活圈 |
| 文化 | 居住区文化活动中心（综合文化站） | 街道级 | 社区邻里生活圈 |
| | 文化广场（公园） | 街道级 | 社区邻里生活圈 |
| | 文化活动室 | 基层社区级 | 小区自足生活圈 |
| 体育 | 居住区体育中心 | 街道级 | 社区邻里生活圈 |
| | 体育健身点 | 基层社区级 | 小区自足生活圈 |
| 商业服务 | 农贸市场 | 街道级 | 社区邻里生活圈 |
| | 药店 | 街道级 | 社区邻里生活圈 |
| | 中小超市 | 街道级 | 社区邻里生活圈 |
| | 美容美发 | 街道级 | 社区邻里生活圈 |
| | 书店（书报亭） | 街道级 | 社区邻里生活圈 |
| | 便民小菜店 | 基层社区级 | 小区自足生活圈 |
| | 水果店早餐店 | 基层社区级 | 小区自足生活圈 |
| | 24 小时便利店 | 基层社区级 | 小区自足生活圈 |
| | 与快递服务场所结合的 O2O 网点 | 基层社区级 | 小区自足生活圈 |
| | 社区食堂 | 基层社区级 | 小区自足生活圈 |
| | 其他商业服务 | 街道级 | 社区邻里生活圈 |
| 社区服务 | 社区服务中心 | 街道级 | 社区邻里生活圈 |
| | 居住区养老院 | 街道级 | 社区邻里生活圈 |
| | 残疾人日间照料托养服务机构 | 街道级 | 社区邻里生活圈 |
| | 居家养老服务照料中心 | 基层社区级 | 小区自足生活圈 |
| | 残疾人社区康复站 | 基层社区级 | 小区自足生活圈 |
| | 社区配套用房（社区居委会） | 基层社区级 | 小区自足生活圈 |
| | 物业管理 | 基层社区级 | 小区自足生活圈 |
| 金融邮电 | 邮政所（网点） | 街道级 | 社区邻里生活圈 |
| | 银行营业所 | 街道级 | 社区邻里生活圈 |
| | 快递服务场所 | 基层社区级 | 小区自足生活圈 |

续表

| 类别 | 项目 | 层级 | 生活圈 |
|---|---|---|---|
| 市政公用 | 消防站 | 街道级 | 社区邻里生活圈 |
| | 变电所 | 街道级 | 社区邻里生活圈 |
| | 开闭所 | 街道级 | 社区邻里生活圈 |
| | 移动通信基站 | 街道级 | 社区邻里生活圈 |
| | 公共自行车服务点 | 街道级 | 社区邻里生活圈 |
| | 河道绿化养护用房 | 街道级 | 社区邻里生活圈 |
| | 道路养护用房 | 街道级 | 社区邻里生活圈 |
| | 环卫工人休息场地 | 街道级 | 社区邻里生活圈 |
| | 亮灯养护用房 | 街道级 | 社区邻里生活圈 |
| | 变电室 | 基层社区级 | 小区自足生活圈 |
| | 电信交接间 | 基层社区级 | 小区自足生活圈 |
| | 公厕 | 基层社区级 | 小区自足生活圈 |
| | 垃圾房 | 基层社区级 | 小区自足生活圈 |
| | 生活垃圾集置场地 | 基层社区级 | 小区自足生活圈 |
| 行政管理 | 街道办事处 | 街道级 | 社区邻里生活圈 |
| | 派出所 | 街道级 | 社区邻里生活圈 |
| | 城管执法中队用房 | 街道级 | 社区邻里生活圈 |

### 8.3.3　保障性住区各类公共服务设施及其优化配置要求

本节针对杭州市保障性住区居民较为关注的医疗、教育、商业和文体设施四个方面给出优化配置建议。

#### 1. 医疗

在保障性住区较为集中片区设立医疗卫生设施分院，提高医疗卫生设施可达性。调研分析可知，保障性住区医疗设施最大的问题是优质资源较多位于城市中心区，对大多数保障性住区居民而言，主观可达性较低，但人们的使用频率、需求程度都是最高的，因此建议在保障性住区较为集中的一些片区设立市（区）级医疗分院，并保证本部与分院信息互通，患者分院就近就诊，若有需要可经绿色通道直接转诊至本部，以提高保障性住区居民医疗设施可达性。

建立社区健康联络员制度，提高就医效率。医疗分院与保障性住区所在街道或社区的医疗卫生设施加强联系，设立健康服务联络员，进一步提高居民的就医效率。健康联络员上岗前也应当取得相关从业资格证，能够处理一些简单的病理问题，能协调管理好社区防控工作，如：为居民提供专科就诊和其他健康服务指引，为居民介绍就诊专家，预约就诊时间；为居民提供健康咨询、医院服务介绍并解答相关问题；协助居委会开办健康宣传栏，发放宣传单，联系院内专家举办健康讲座，普及卫生常识和疾病防治知识；展开健康体检，建立居民健康档案，了解住区居民疾病信息特征和健康服务需求。

### 2. 教育

教育设施布点考虑向城市外围区进行扩展。保障性住区教育设施最大的问题是高等级教育设施分布不均衡，导致保障房区块缺少高质量的教育服务。根据调查，城市边缘区以及外围区的优质教育设施覆盖率低于50%，对于生活在这两个圈层的保障性家庭来说，教育设施供不应求，孩子很难享受优质的教育资源。而教育的发展可以带动一个区块的发展，能够更好地带动周围商业、医疗卫生等其他设施的发展，从而推进整体基本公共服务设施的均衡发展。不仅仅是设施的向外推进，还应借助不同学校的互动联系促进教育资源、人才向外均衡"扩散"，真正意义上实现教育设施的空间均等化。

建议教育资源政策为保障性住区家庭提供绿色通道。以杭州市都市水乡居住区为例，"一乡两区"的空间结构特征直接给居民带来不小的干扰。位于西湖区和拱墅区交界处仅一河之隔的长阳中学只能服务都市水乡10%的居民，而其余属于拱墅区的居民则无法享受家门口的教育资源。一方面，对于需要跨学区就学的保障性家庭，政策上应该予以适当支持，在学区划分认定时考虑保障性住区居民的特殊性，就近上学能够减轻保障性住区中孩子上学的生活成本；另一方面，建议在规划处于辖区交界处的社区配套设施时，应该更全面地从民生角度考虑问题，从而更合理地解决教育资源分配不均等问题，努力实现学生就近入学的目标。

### 3. 商业

建议结合区域内轨道交通站点规划，配建地铁综合体、较大型的购物商城等，提高商业设施可达性。保障性住区周边的大型商业设施匮乏，大型购物中心多位于城市中心（银泰、杭百）或一些大型商住区内（西城广场、城西印象城）。

本书研究对象所处区位公共设施相对发达，地铁站为住区居民的出行提供了便捷的交通条件，问卷结果也显示近1/3的居民会选择公交（地铁）等出行方式，总体来看居民的主观可达性较高。因此，建议今后杭州市在保障性住区聚集的片区，结合区域内轨道交通站点规划，配建地铁综合体、较大型的购物商城等，提高保障性住区居民的商业设施可达性，降低生活成本，提高生活品质；与此同时也提升保障性住区聚集片区的土地价值，带动整个区域的发展。

### 4. 文体

结合文化和体育规划综合配建布局文体设施。保障性住区文化和体育设施最大的问题是数量、类别少，使用频率低，而为保障性住区配建大量大型文化、体育设施的难度较大，建议可以结合文化、体育规划布局文体设施，如杭州市下城区体育馆和图书馆便是综合配建。甚至可以将文化、体育和商业等功能都结合起来，构建以文体为主，商业、餐饮为辅的文体中心，将文化、体育功能融入大型商业设施，形成休闲、购物、文体、娱乐为一体的商业综合体。

增加文体设施收益，提高设施管理水平。文化设施方面，由于保障性住区居民的家庭状况、教育背景、成长环境等主体特性，文化设施使用频率较低，而其中用得最多的是影院和剧院等。建议进一步考虑规划中的影院、剧院的指标，这有利于丰富保障性住区居民的精神生活，对政府财政也有一定程度的帮助。体育设施方面，建议住区周边的学校在合适的时间段，将校内体育场馆与居民共享，可适当收费。

# 附录  保障房申请条件

根据《杭州市区经济适用住房管理办法》[①]、《杭州市廉租住房保障办法》[②]（杭政〔2008〕1号）、《杭州市区公共租赁住房租赁管理实施细则（试行）》[③]（杭房局〔2011〕198号），当前各类杭州保障性住区申请者条件如下：

**1. 杭州市经济适用房申请条件（2021年）**

（1）具有本市、县城镇居民户口（含符合本地安置条件的军人）。

（2）无房或者现住房面积低于市、县人民政府规定的住房困难标准。

（3）家庭收入符合市、县人民政府规定的收入标准。

（4）年龄在35周岁及以上的单身者符合前款规定条件的，可以申请购买或者承租一套经济适用住房。

（5）申请者已享受实物分房，或者通过市场方式购买商品房，以及因赠与、继承、自建等方式取得的所有住房，其建筑面积均纳入申请人家庭住房建筑面积的核定范围。

**2. 杭州市廉租房申请条件（2008年）**

（1）申请家庭至少有一人具有当地常住城镇居民户口（不包括学生户口）并居住5年以上。

（2）市区（不含萧山、余杭区，下同）范围内的申请家庭持有《杭州市困难家庭救助证》或《杭州市低收入家庭证明》（由民政部门核发）；萧山区、余杭区及各县（市）申请家庭持有民政等部门核发的相关证明。

（3）申请家庭人均现有住房建筑面积在15m²（含）以下，或3人以上家庭现有住房建筑面积在45m²（含）以下。

（4）申请家庭人均收入在城市低保标准两倍以下。

**3. 杭州市公租房申请条件（2011年）**

（1）城市中等偏下收入住房困难家庭申请公共租赁住房须同时符合下列条件：

---

① 浙江省住房和城乡建设厅. 浙江省经济适用住房管理办法［EB/OL］.（2021-08-10）［2022-02-27］http://www.zj.gov.cn/art/2021/8/10/art_1229530759_2318399.html.

② 杭州市人民政府. 杭州市人民政府关于印发杭州市城镇廉租住房保障管理办法的通知［EB/OL］.（2008-02-22）［2022-02-27］. http://www.hangzhou.gov.cn/art/2008/2/22/art_808427_3112.html.

③ 浙江省人民政府. 杭州市区公共租赁住房租赁管理实施细则（试行）［EB/OL］.（2011-10-31）［2022-02-27］. http://www.zj.gov.cn/zjservice/item/detail/lawtext.do?outLawId = 20547a9c-6a2f-442d-9d1d-6595cf9b164e.

申请人具有市区常住城镇居民户籍 5 年（含）以上；

申请家庭人均可支配收入低于规定的标准，该标准由市住保房管部门在每期公共租赁住房受理公告中明确；

申请家庭在市区无房；

申请人及家庭成员符合政府规定的其他条件。

（2）新就业大学毕业生须同时符合下列条件：

申请人具有市区常住城镇居民户籍，或持有《浙江省居住证》（或《浙江省临时居住证》）；

申请人具有本科及以上学历；

申请人毕业未满 7 年；

申请人在市区用人单位工作，并签订一年（含）以上劳动合同，且连续缴纳住房公积金或社会保险金一年（含）以上，或持有市区营业执照和一年（含）以上完税证明；

申请人及家庭成员在市区无房，申请人（配偶）直系亲属在市区的住房资助能力低于规定的标准，该标准由市住保房管部门在每期公共租赁住房受理公告中明确；

申请家庭人均可支配收入低于规定的收入标准，该标准由市住保房管部门在每期公共租赁住房受理公告中明确；

申请人及家庭成员符合政府规定的其他条件。

（3）创业人员申请公共租赁住房须同时符合下列条件：

申请人具有市区常住城镇居民户籍，或持有《浙江省居住证》（或《浙江省临时居住证》）；

申请人具有中级（含）以上职称，或高级（含）以上职业资格证书；

申请人在市区用人单位工作，并签订一年（含）以上劳动合同，且连续缴纳住房公积金或社会保险金一年（含）以上，或持有市区营业执照和一年（含）以上完税证明；

申请人及家庭成员在市区无房，申请人（配偶）直系亲属在市区的住房资助能力低于规定的标准，该标准由市住保房管部门在每期公共租赁住房受理公告中明确；

申请家庭人均可支配收入低于规定的收入标准，该标准由市住保房管部门在每期公共租赁住房受理公告中明确；

申请人及家庭成员符合政府规定的其他条件。

# 参 考 文 献

［1］白晓钰. 公共租赁住房设计难点及应对研究［D］. 西安：西安建筑科技大学，2013.

［2］柏必成. 改革开放以来我国住房政策变迁的动力分析——以多源流理论为视角［J］.
公共管理学报，2010，7（4）：76-85，126.

［3］陈彬. 我国城市保障性住房选址研究［D］. 南京：东南大学，2015.

［4］陈虎. 基于城市经营的城市规划编制、实施与管理研究：理念、方法及实证［D］. 南
京：南京大学，2003.

［5］陈秋晓，徐丹，葛晓丹，等. 保障性住区公共服务设施供需关系及优化配置策略研究
［J］. 西部人居环境学刊，2017，32（2）：81-88.

［6］陈新开. 国企“竞争中立性”规则问题研究：基于澳大利亚融通 TPP 框架的经验与启
示［J］. 商业经济研究，2016（22）：107-111.

［7］董明涛，孙钰. 我国农村公共产品供给主体合作模式研究［J］. 经济问题探索，2010
（11）：33-38.

［8］杜静，赵小玲. 我国保障性住房选址的决策因素分析：以南京市为例［J］. 工程管理
学报，2012，26（1）：84-88.

［9］费彦，王世福. 市场体制下的城市居住区公共服务设施保障体系建构［J］. 规划师，
2012，28（6）：66-69.

［10］冯京津. 我国保障性住房的发展与现状［J］. 中国房地产，2011（9）：27-31.

［11］胡荣希. 新加坡新镇的规划、建设与管理［J］. 小城镇建设，2002（2）：71-73.

［12］黄娜. 我国保障房开发多元化融资方式研究［D］. 北京：北京交通大学，2012.

［13］刘佳燕，陈振华，王鹏，等. 北京新城公共设施规划中的思考［J］. 城市规划，2006
（4）：38～42，50.

［14］刘奕辰. 我国保障性住房基本公共服务问题研究［D］. 青岛：中国海洋大学，2013.

［15］刘兆文. 杭州医疗设施发展与医院布局研究［D］. 杭州：浙江大学，2006.

［16］柳泽，邢海峰. 基于规划管理视角的保障性住房空间选址研究［J］. 城市规划，
2013，37（7）：73-80.

［17］马慧强. 我国东北地区基本公共服务均等化研究［D］. 大连：辽宁师范大学，2014.

［18］毛烽. 我国保障性住房政策及其实施中存在的问题及对策研究［D］. 长沙：湖南大
学，2012.

［19］史亮. 北京市保障性住房规划选址模型研究［C］// 城市时代，协同规划：2013 中国
城市规划年会论文集（07- 居住区规划与房地产）. 2013：691-709.

［20］苏双蕾．基于 PPP 的公共租赁住房建设运作模式及租金定价机制研究［D］．重庆：
　　　重庆交通大学，2012.

［21］汪冬宁，金晓斌，王静，等．保障性住宅用地选址与评价方法研究：以南京都市区为
　　　例［J］．城市规划，2012，36（3）：85-89.

［22］王爱，石蕾，夏健．保障性住区配套设施规划建设策略研究［J］．苏州科技学院学报
　　　（工程技术版），2013，26（2）：55-61.

［23］王丽娟．城市公共服务设施的空间公平研究［M］．昆明：云南大学出版社，2016.

［24］王曼．杭州市廉租住房老年户型设计研究［D］．杭州：浙江大学，2012.

［25］王少杰．GZ 棚户区改造安居工程项目经济评价［D］．哈尔滨：哈尔滨工程大学，
　　　2013.

［26］土效容．保障房住区对城市社会空间的影响及评估研究［D］．南京：东南大学，2016.

［27］王新军．促进济南市基本公共服务均等化对策研究［J］．山东工商学院学报，2010，
　　　24（4）：42-44，114.

［28］吴楠．我国城市社区公共服务的供给机制研究［J］．学理论，2013（22）：93-94.

［29］吴欣．西北地区东部县城公益性公共设施适宜性规划指标体系研究［D］．西安：西
　　　安建筑科技大学，2013.

［30］武廷海，周文生，卢庆强，等．国土空间规划体系下的"双评价"研究［J］．城市与
　　　区域规划研究，2019，11（2）：5-15.

［31］夏素莲．香港住房保障制度研究及其对大陆的启示［D］．武汉：武汉科技大学，
　　　2009.

［32］谢丽琴．保障性住房居民居住满意度评估和影响因素研究：以杭州市为例［D］．杭
　　　州：浙江工业大学，2014.

［33］徐苗，杨碧波．中国保障性住房研究评述及启示：基于中外期刊的计量化分析成果
　　　［J］．城市发展研究，2015，22（10）：108-118.

［34］杨晓冬，黄丽平．保障性住房选址问题及对策研究［J］．工程管理学报，2012，26
　　　（4）：103-107.

［35］袁奇峰，马晓亚．保障性住区的公共服务设施供给：以广州市为例［J］．城市规划，
　　　2012，36（2）：24-30.

［36］张建昂．广州市保障性住房空置率的调查研究［D］．广州：华南理工大学，2013.

［37］张晶．公租房规划研究及选址初探［J］．城市建筑，2014（14）：12-12，14.

［38］张文英．新型城镇化背景下保障性住房建设模式研究［J］．中国房地产，2019（22）：
　　　10-12.

［39］郑晓虹．城市教育设施公平性评估及其优化策略研究——以杭州市区为例［D］．杭
　　　州：浙江工业大学，2019.

［40］胡锦涛．高举中国特色社会主义伟大旗帜为夺取全面建设小康社会新胜利而奋斗：在
　　　中国共产党第十七次全国代表大会上的报告［R］．北京：人民日报出版社，2007.

［41］中国工程建设标准化协会. 新版《城市居住区规划设计标准》解读［EB/OL］.
（2019-04-08）［2022-02-27］. https://www.sohu.com/a/306597032_120057226.

［42］张赛. 蓝皮书：预计 2030 年我国城镇化率将达到 70%［EB/OL］.（2019-10-30）
［2022.02.27］. http://www.cssn.cn/zx/bwyc/201910/t20191030_5023315.shtml.

［43］周岱霖，黄慧明. 供需关联视角下的社区生活圈服务设施配置研究：以广州为例［J］.
城市发展研究，2019，26（12）：1-5，18.

［44］周艺. 基于混合居住模式的广州市保障房住区建设策略研究［D］. 广州：华南理工
大学，2011.

［45］朱亚鹏. 房制度改革：政策创新与住房公平［M］. 广州：中山大学出版社，2007.

［46］WANG Y P, MURIE A. The process of commercialization of urban housing in China [J]. Urban
Studies, 1996, 33 (6): 971-989.